车工工艺与技能训练

主编　方洋洲

ZHEJIANG UNIVERSITY PRESS
浙江大学出版社

图书在版编目(CIP)数据

车工工艺与技能训练 / 方洋洲主编. —杭州:浙江
大学出版社,2015.6(2019.7重印)
ISBN 978-7-308-14684-5

Ⅰ.①车… Ⅱ.①方… Ⅲ.①车削－中等专业学校－
教材 Ⅳ.①TG510.6

中国版本图书馆 CIP 数据核字(2015)第 097316 号

内容提要

本书按照普通车工中级工必须具备的知识结构进行组织,全书共分 3 篇 5 章,主要内容包括车削加工的基础知识、车削加工工艺、轴类零件和套类零件的分析和工艺路线的拟写、拓展训等,全书突出以应用为主线。

本教材可作为中职学校、技工院校机修、数控、模具设计与制造、机电一体化技术等专业普通车削加工课程的教材,也可作为机械制造人员的参考用书。

车工工艺与技能训练

主编 方洋洲

责任编辑	杜希武
封面设计	刘依群
出版发行	浙江大学出版社
	(杭州市天目山路 148 号 邮政编码 310007)
	(网址:http://www.zjupress.com)
排　版	浙江时代出版服务有限公司
印　刷	虎彩印艺股份有限公司
开　本	787mm×1092mm　1/16
印　张	9
字　数	218 千
版 印 次	2015 年 6 月第 1 版　2019 年 7 月第 3 次印刷
书　号	ISBN 978-7-308-14684-5
定　价	29.00 元

前　言

车削是指车床加工,是机械加工的一部分,是在车床上利用工件相对于刀具旋转从而对工件进行切削加工的方法。车削加工主要用于加工轴、盘、套和其他具有回转表面的工件,此外,还可以用钻头、铰刀、丝锥和滚花刀进行钻孔、铰孔、攻螺丝和滚花等操作。车削加工是机械制造和修配工厂中使用最广的一类机床加工,因此具备车削加工能力尤为重要,是机械制造人员必须具备的基本能力。"车工工艺与技能训练"已经成为中职学校和技工院校必修课程之一。

为更好地满足中职学校和技工院校"车工工艺与技能训练"课程教学的需要,我们按教学大纲要求,结合多年教学实践经验,并参考一些其他院校的经验编写了本书。本书共分三篇:第一篇是基础篇,包括车削加工的基础知识、车削加工工艺;第二篇为技能篇,包括轴类零件分析和工艺路线的拟写、盘套类零件分析和工艺路线的拟定、拓展训练;第三篇为鉴定篇,包括一套普通车工中级工技能鉴定试卷。本书通过对典型安全案例进行分析,使学生能快递、全面地掌握普通车削加工工艺分析与设计、加工技术等知识。

书中安排有大量车削加工实例,且多数来自生产实际和教学实践,内容通俗易懂,方便教学,适用于中职学校、技工院校数控加工专业或相近专业的师生使用,也可供有关工程技术人员参考。

本书由方洋洲,朱俊杰等编写,其中方洋洲主编,限于编写时间和编者的水平,书中必然会存在需要进一步改进和提高的地方。我们十分期望读者及专业人士提出宝贵意见与建议,以便今后不断加以完善。我们的联系方式:1069375833@qq.com。本书编写过程中参考了很多宝贵资料,包括互联网资料,由于时间仓促,无法一一列举出来且无法与作者取得联系,在此表示衷心的感谢。

我们谨向所有为本书提供大力支持的有关学校、企业和领导,以及在组织、撰写、研讨、修改、审定、打印、校对等工作中做出奉献的同志表示由衷的感谢。

最后,感谢浙江大学出版社为本书的出版所提供的机遇和帮助。

作者
2015 年 1 月

目　录

第一篇　基础篇

第二篇　技能篇

第三篇　鉴定篇

第一篇　基础篇

第1章 车削加工基本知识

第1节 认识车削加工

1.1 什么是车削加工

车削加工是机械加工中最基本最常用的加工方法。车床在机械加工设备中占总数的50％以上,是金属切削机床中数量最多的一种,在现代机加工中占有重要的地位。车床主要用来加工各种回转体表面,如内外圆柱面、内外圆锥面、螺纹、沟槽、端面和成型面等,其主运动为工件的旋转运动,进给运动为刀具的直线移动。加工精度可达 IT8～IT7,表面粗糙度 Ra 值为 $0.8～1.6\mu m$,具有加工范围广、效率高、成本低等特点,车床上能加工的各种典型表面如图 1-1 所示。

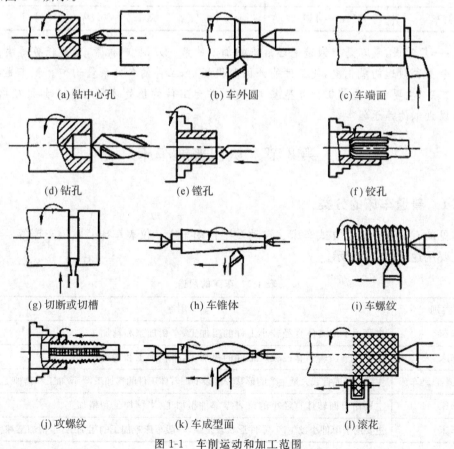

(a) 钻中心孔   (b) 车外圆   (c) 车端面

(d) 钻孔   (e) 镗孔   (f) 铰孔

(g) 切断或切槽   (h) 车锥体   (i) 车螺纹

(j) 攻螺纹   (k) 车成型面   (l) 滚花

图 1-1 车削运动和加工范围

1.2 车削加工特点

车削加工的特点归纳如下：

(1)车削加工应用广泛,能很好适应工件材料、结构、精度、表面粗糙度及生产批量的变化。可车削各种钢材、铸件等金属,又可车削玻璃钢、尼龙、胶木等非金属。

(2)车削加工一般是等截面的连续切削,因此,切削力变化小,切削过程平稳,可进行高速切削和强力切削,生产率较高。

(3)车削采用的车刀一般为单刃刀,其结构简单、制造容易、刃磨方便、安装方便。同时,可根据具体加工条件选用刀具材料和刃磨合理的刀具角度。这对保证加工质量、提高生产率、降低生产成本具有重大意义。

(4)车削加工尺寸精度范围一般在 IT13～IT7 之间,表面粗糙度值 Ra 为 12.5～0.8μm,适于工件的荒车、粗加工、半精加工和精加工,能达到的精度等级及表面粗糙度如表 1-1 所示。

表 1-1 车削尺寸精度与表面粗糙度范围

车削方式	精度等级	表面粗糙度
荒车	IT18～IT15	Ra80μm
粗车	IT13～IT11	$Ra50 \sim 12.5\mu m$,粗车后应留 0.5～2 mm 的精加工余量
半精车	IT10～IT8	$Ra6.3 \sim 3.2\mu m$
精车	IT8 ～ IT7	$Ra1.6 \sim 0.8 \mu m$

注:一般来讲,荒车是指锻造毛坯后机械加工的第一刀,也叫拉荒,主要任务是去除较大的加工余量和锻造的氧化皮,使工件的外圆变得规则,工件的各处余量均匀。粗车是半精车的前道工序,主要任务是使工件外型基本成型,并为工件的热处理做准备。如果粗略地说,荒车可以近似的等于粗车。

第 2 节 认识普通车床

2.1 普通车床的分类

常见的有普通车床、立式车床、自动及半自动车床、仪表车床、数控车床等。各种车床的主要用途如表 1-2 所示。

表 1-2 车床的用途

类别	用途
普通车床	主要用于回转体直径较小工件的粗加工,半精加工和精加工。
立式车床	主要用于回转体直径较大工件的粗加工,半精加工和精加工。
自动及半自动车床	主要用于成批或大量生产的形状较复杂的回转体工件的粗加工,半精加工和精加工。
仪表车床	主要用于回转体直径小的仪表零部件粗加工,半精加工和精加工。
数控车床	主要用于单件小批生产,零件形状较复杂,一般车床难加工的粗加工,半精加工和精加工。

2.2 车床型号简介

一、机床分类及其代号

机床的型号反映出机床的类别、结构特性和主要技术参数等内容。

按 GB/T15375-1994 规定，CA6140 型号的含义如下：

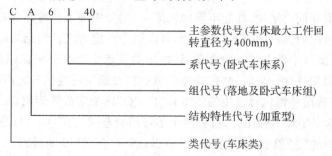

```
C A 6 1 40
           ├── 主参数代号(车床最大工件回
           │    转直径为400mm)
        ├───── 系代号(卧式车床系)
      ├─────── 组代号(落地及卧式车床组)
    ├───────── 结构特性代号(加重型)
  ├─────────── 类代号(车床类)
```

二、类代号

车床的类代号，用大写的汉语拼音字母表示。CA6140 中的"C"就代表着车床类。必要时，每类可分为若干分类，分类代号在类代号之前，作为型号的首位，并用阿拉伯数字表示。第一分类代号前的"1"省略，第"2"、"3"分类代号则应予以表示。如磨床类可以分为"M"、"2M"和"3M"类。

机床的分类及其代号见表 1-3。

表 1-3 机床的分类及其代号

类别	车床	钻床	镗床	磨床			齿轮加工机床	螺纹加工机床	铣床	刨插床	拉床	锯床	其他机床
代号	C	Z	T	M	2M	3M	Y	S	X	B	L	G	Q
参考读音	车	钻	镗	磨	磨	磨	牙	丝	铣	刨	拉	割	其

三、通用特性代号、结构特性代号

通用特性代号、结构特性代号用大写的汉语拼音字母表示，位于类代号之后。

1. 通用特性代号

通用特性代号有统一的规定含义，它在各类机床的型号中，表示的意义相同。如表 1-4 所示。

表 1-4 通用特性代号

通用特性	高精度	精密	自动	半自动	数控	加工中心（自动换刀）	仿形	轻型	加重型	柔性加工单元	数显	高速
代号	G	M	Z	B	K	H	F	Q	C	R	X	S
读音	高	密	自	半	控	换	仿	轻	重	柔	显	速

当某类机床,除有普通型外,还有如表 1-3 所列的通用特性时,则在型号的类代号之后加通用特性代号予以区分。如果某类型机床仅有某种通用特性,而无普通型式者,则通用特性不予表示。

当在一个型号中需要同时使用两至三个普通特性代号时,一般按重要程度排列顺序。通用特性代号,按其相应的汉字字意读音。

2. 结构特性代号

对主参数数值相同而结构、性能不同的机床,在型号中加结构特性代号予以区分。根据各类机床的具体情况,对某些结构特性代号,可以赋予一定含义。但结构特性代号与通用特性代号不同,它在型号中没有统一的含义,只在同类机床中起区分机床结构、性能不同的作用。当型号中有通用特性代号时,结构特性代号应排在通用特性代号之后。结构特性代号,用汉语拼音字母(通用特性代号已用的字母和"I"、"O"两个字母不能用)A、B、C、D、E、L、N、P、T、Y 表示,当单个字母不够用时,可将两个字母组合起来使用,如 AD、AE 等,或 DA、EA 等。如 CA6140 中的"A"就表示"加重型"的意思,以示与 C6140 的区别。

3. 组、系代号

将每类机床划分为十个组,每个组又划分为十个系(系列)。组、系划分的原则如下:

(1)在同一类机床,主要布局或使用范围基本相同的机床,即为同一组。

(2)在同一组机床中,其主参数相同、主要结构及布局型式相同的机床,即为同一系。

机床的组,用一位阿拉伯数字表示,位于类代号或通用特性代号、结构特性代号之后。

机床的系,用一位阿拉伯数字表示,位于组代号之后。

4. 主要参数的表示方法

机床型号中主参数用折算值表示,位于系代号之后。当折算值大于 1 时,则取整数,前面不加"0";当折算值小于"1"时,则取小数点后第一位数,并在前面加"0"。如 CA6140 中的"40"表示车床能够加工工件的最大回转直径为 400mm。

2.3 CA6140 型车床结构与主要参数

一、CA6140 型车床结构

卧式车床是目前生产中应用最广的一种车床,它具有性能良好、结构先进、操作轻便、通用性强和外形整齐美观等优点,但自动化程度较低,适用于单件小批生产,加工各种轴、盘、套等类零件上的各种表面或机修车间。以卧式车床为例,图 1-2 为 CA6140 型卧式车床的外形图。

1. 主轴箱

主轴箱固定在床身的左端。主轴箱的功用是支承主轴,使它旋转、停止、变速、变向。主轴箱内装有变速机构和主轴。主轴是空心的。中间可以穿过棒料。主轴的前端装有卡盘,用以夹持工件。车床的电动机经 V 带传动,通过主轴箱内的变速机构,把动力传给主轴,以实现车削的主运动。

2. 刀架

刀架装在床身的床鞍导轨上。刀架的功用是安装车刀,一般可同时装 4 把车刀。床鞍的功用是使刀架作纵向、横向和斜向运动。刀架位于 3 层滑板的顶端。最底层的滑板称为床鞍,它可沿床身做纵向运动,可以机动也可以手动,以带动刀架实现纵向进给。第二层为中滑板,它可沿着床鞍顶部的导轨作垂直于主轴方向的横向运动,也可以机动或手动,以带动刀架实现横向进给。最顶层为小滑板,它与中滑板以转盘连接,因此,小滑板可在中滑板上转动。调整好某个方向后,可以带动刀架实现斜向手动进给。

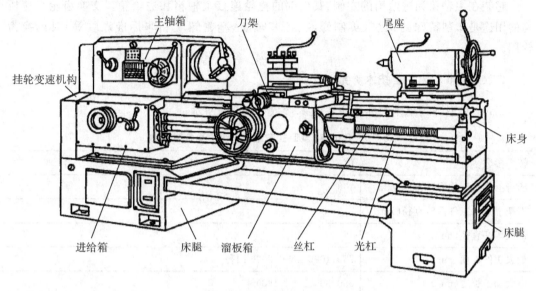

图 1-2 CA6140 车床外观

3. 尾座

尾座安装在床身的尾座导轨上,可沿床身导轨纵向运动以调整其位置。尾座的功用是用后顶尖支承长工件和安装钻头、铰刀等进行孔加工。尾座可在其底板上作少量的横向运动,以便用后顶尖顶住工件车锥体。

4. 床身

床身固定在左床腿和右床腿上。床身用来支承和安装车床的主轴箱、进给箱溜板箱、刀架、尾座等,使它们在工作时保证准确的相对位置和运动轨迹。床身上面有两组导轨——床鞍导轨和尾座导轨。床身前方床鞍导轨装有长齿条,与溜板箱的小齿轮啮合,以带动溜板箱纵向移动。

5. 溜板箱

溜板箱固定在床鞍底部。它的功用是将丝杠或光杠的旋转运动通过箱内的开合螺母和齿轮齿条机构,使床鞍纵向移动,中滑板横向移动。在溜板箱表面装有各种操纵手柄和按钮,用来实现手动或机动、进给或车螺纹、纵向进给或横向进给、快速进给或工作速度移动等等。

6. 进给箱

进给箱固定在床身的左前侧。箱内装有进给运动变压机构。进给箱的功用是让丝杠旋转或光杠旋转,改变机动进给的进给量和被加工螺纹的导程。

7. 丝杠

丝杠左端装在进给箱上,右端装在床身右前侧的挂脚上,中间穿过溜板箱。丝杠专门用来车螺纹。若溜板箱中的开合螺母合上,丝杠就带动床鞍移动车制螺纹。

8. 光杠

光杠左端装在进给箱上,右端装在床身右前侧的挂脚上,中间穿过溜板箱。光杠专门用于实现车床的自动纵、横向进给。

9. 挂轮变速机构

它装在主轴箱和进给箱的左侧,其内部的挂轮连接主轴箱和进给箱。交换齿轮变速机构的用途是车削特殊的螺纹(英制螺纹、径节螺纹\精密螺纹和非标准螺纹等)时调换齿轮用。

二、CA6140 车床主要技术参数

CA6140 型卧式车床的部分主要技术参数如表 1-5 所示。

表 1-5　CA6140 型卧式车床的部分主要技术参数

技术参数	值
床身上最大工件回转直径(mm)	400
刀架上最大工件回转直径(mm)	210
最大棒杆直径(mm)	47
最大工件长度(mm)	750、1000、1500、2000 四种
最大加工长度(mm)	650、900、1400、1900
主轴转速范围	正转 10～1400r/min,24 级； 反转 14.5～1600 r/min,12 级
进给量范围	纵向 0.028～633mm/r,共 64 级
横向	0.014～3.16mm/r,共 64 级
螺纹加工范围	米制螺纹　$P=1\sim192$mm,44 种
英制螺纹	$a=2\sim24$ 牙/in,20 种
模数制螺纹	$m=0.25\sim48$mm,39 种
径节制螺纹	$Dp=1\sim96$ 牙/in,37 种
机床外形尺寸(长　宽　高)	对于最大工件长度 1500mm 的机床为 3168mm×1000mm×1267mm

2.4 车床传动原理

车削加工过程中,车床通过工件的主运动和车刀进给运动的相互配合来完成对工件的加工,其运动传动系统如图 1-3 所示。

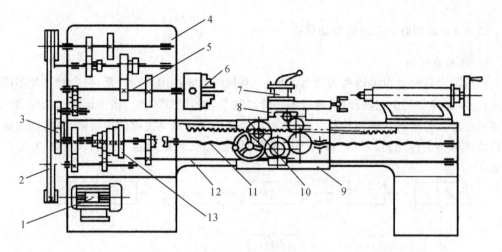

1.电机 2.皮带 3.换齿轮 4.主轴 5.主轴 6.卡盘 7.刀架
8.滑板 9.溜板箱 10.导轨 11.丝杆 12.光杆 13.挂轮变速机构

图 1-3 CA6140 车床传动系统示意图

一、车削运动分析

车床的运动分为表面成形运动和辅助运动,各自的定义如图 1-4 所示。

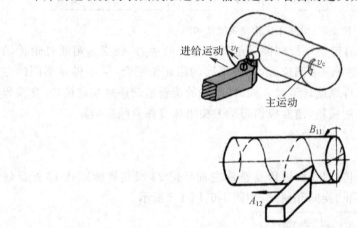

图 1-4 车床的主运动和进给运动

1.表面成形运动

(1)工件的旋转运动——车床主运动。

(2)刀具的移动——车床的进给运动。

(3)螺旋运动——车削螺纹的复合运动。

2.辅助运动

(1)满足工件尺寸的切入运动。

(2)刀架纵、横向的机动快移。

(3)重型车床尾架的机动快移。

二、CA6140型卧式车床的传动分析

1. 传动系统图

车床的主运动是以电动机为动力,通过一系列传动零件的传动联系,使主轴得到不同的转速;进给运动则是由主轴开始,通过各种传动联系,使刀架产生纵、横向运动。从电动机到主轴或主轴到刀架的这种传动联系,称为传动链。由电动机到主轴的传动链,即实现主运动的传动链称为主传动链。由主轴到刀架的传动链,即实现进给运动的传动链称为进给传动链。

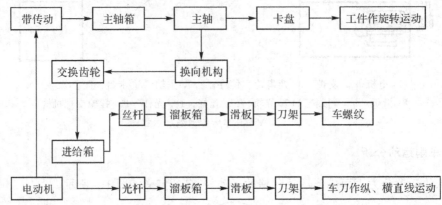

图1-5 卧式车床传动系统结构图

图1-5所示的是卧式车床的传动系统框图。电动机输出的动力,经变速箱通过带传动传给主轴,更换变速箱和主轴箱外的手柄位置,得到不同的齿轮组啮合,从而得到不同的主轴转速。主轴通过卡盘带动工件做旋转运动。同时,主轴的旋转运动通过换向机构、交换齿轮、进给箱、光杠(或丝杠)传给溜板箱,使溜板箱带动刀架沿床身作直线进给运动。

2. CA6140型卧式车床主运动传动链

(1)运动分析

主运动是将电动机的转动传给主轴,该传动链使主轴获得24级正转转速和12级反转转速,同时完成主轴的启动、停止、换向和调速,如图1-6、图1-7所示。

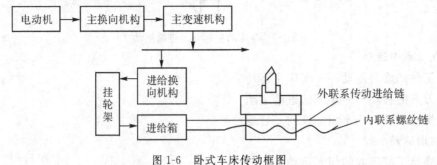

图1-6 卧式车床传动框图

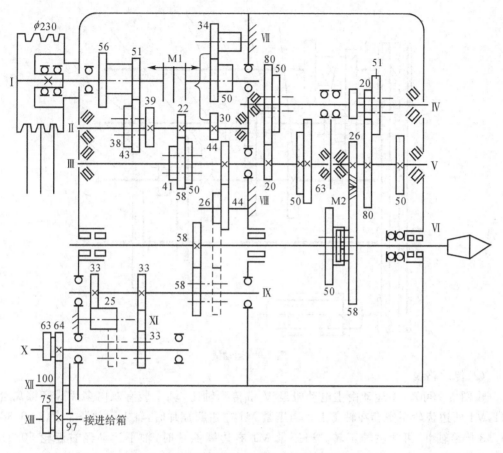

图 1-7　CA6140 型卧式车床主轴箱的传动系统图

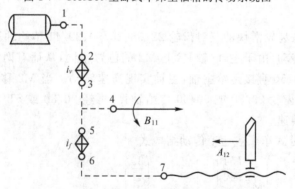

图 1-8　车床传动原理图

在车床传动系统中,常见的传动副有皮带传动、齿轮传动、蜗轮蜗杆传动、齿轮齿条传动及丝杠螺母传动。如果将基本传动方法中的某些传动件按照传动轴顺序组合起来,就成为了一个传动系统,有时候也称为一个传动链,如图 1-8。

如图 1-9 所示,运动由电动机输入,经皮带轮传至Ⅰ轴,经圆柱齿轮传至Ⅱ轴,经圆柱齿轮传至Ⅲ轴,经圆柱齿轮传至Ⅳ轴并把运动输出。运动链的总传动比等于运动链上所有各组传动比乘积。

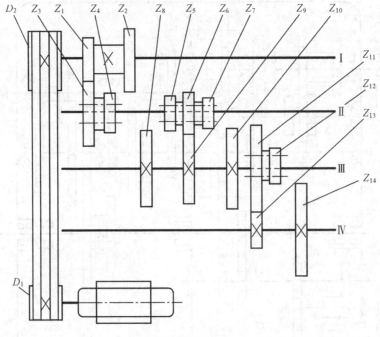

图 1-9　运动链

（2）传动路线

由图 1-9 可知，主运动由主电动机经 V 带传到轴 Ⅰ，轴 Ⅰ 装有双向多片式摩擦离合器 M1，M1 两边齿轮系空套在轴 Ⅰ 上。当压紧 M1 左边摩擦片时，轴 Ⅰ 运动经左齿轮 56/38 或 51/43 传给轴 Ⅱ，可使主轴正转。当压紧 M1 右边摩擦片时，轴 Ⅰ 运动经右齿轮 50/34 和 34/30 传给轴 Ⅱ，由于增加了一次外啮合，从而使主轴反。当 M1 处于中间位置时，主轴停止转动。

轴 Ⅱ 运动经三联齿轮滑块的三对齿轮 22/58、30/50、39/41 传给轴 Ⅲ。

轴 Ⅲ 到主轴的传动，由于主轴（轴 Ⅵ）上 M2 的位置不同，从而有两种传动路线。当 M2 移到左端，运动经 63/50 直接传给主轴，主轴实现高速转动。当 M2 移动右端，内齿轮离合器啮合，轴 Ⅲ 运动经齿轮 20/80 或 50/50 传给轴 Ⅳ，再经 20/80 或 51/50、26/58 传给主轴，使主轴实现较低的转速。

（3）CA6140 型卧式车床主运动传动结构式

$$\text{电动机} - \frac{130}{120} - 1 - \left\{ \begin{array}{c} \overline{M1} \left\{ \begin{array}{c} \frac{51}{43} \\ \frac{56}{38} \end{array} \right. \\ \overline{M1}\frac{50}{34} \times \frac{34}{30} \end{array} \right\} - Ⅱ - \left\{ \begin{array}{c} \frac{39}{41} \\ \frac{22}{58} \\ \frac{30}{50} \end{array} \right\} - Ⅲ$$

$$\left\{ \begin{array}{c} \frac{63}{50} - \overline{M2} \\ \left\{ \begin{array}{c} \frac{20}{80} \\ \frac{50}{50} \end{array} \right\} - Ⅳ - \left\{ \begin{array}{c} \frac{20}{80} \\ \frac{51}{50} \end{array} \right\} - V - \frac{26}{58} - \overline{M2} \end{array} \right\} \text{主轴 Ⅵ}$$

根据主运动传动结构式，可以列出平衡方程式如下：

$$n_a = n_m u_v u_g \varepsilon$$

式中：

n_a——车床主轴的转速，r/min。

n_m——电动机转速，r/min。

u_v——带传动机构传动比。

u_g——齿轮变速部分总传动比。

ε——三角带传动的滑动系数，一般其值为 0.98。

由图 1-7 可以看出，滑移齿轮改变一次啮合位置，主轴即以不同转速旋转。主轴正转时，利用各滑移齿轮轴向位置的不同组合，可使主轴获得多种转速。例如轴 I 与轴 II 之间滑移齿轮有 2 种啮合位置，轴 II 与轴 III 之间有 3 种啮合位置，则轴 I 有一种转速时，轴 III 有 2×3＝6 种转速。以此类推，主轴正转时应有 2×3×(1＋2×2)＝30 级转速，实际上主轴只能得到 2×3×(1＋3)＝24 级正转转速。这是因为轴 III 通过低速传动路线传动时，轴 III 到轴 V 之间滑移齿轮 4 种啮合位置的传动比是：

①u_1＝20/80×20/80＝1/16。

②u_2＝20/80×51/50≈1/4。

③u_3＝50/50×20/80＝1/4。

④u_4＝50/50×51/50＝1。

其中 u_2 和 u_3 基本相同，实际上只有 3 种不同的传动比。同理，主轴反转的传动路线为 3×(1＋2×2)＝15 条，但主轴反转实际上只有：3×〔1＋(2×2－1)〕＝12 级。

按以上运动方程式，CA6140 型卧式车床主轴最低转速：

$n_{\min}$＝1450×130/230×0.98×51/43×22/58×20/80×20/80×26/58≈10(r/min)

而主轴最高转速为：

$n_{\max}$＝1450×130/230×0.98×56/38×39/41×63/50≈1400(r/min)

2.5　CA6140 车床的操作

一、基本操作

1. 主轴变速的调整

主轴转速的快慢对切削质量和效率有着很大的影响，选择合适主轴转速对切削加工非常有必要。主轴变速可通过调整主轴箱前侧各变速手柄的位置来实现。不同型号的车床，其手柄的位置不同，但一般都有指示转速的标记或主轴转速表来显示主轴转速与手柄的位置关系，需要时只需按标记或转速表的指示将手柄调到所需位置即可。若手柄扳不到位时可用手轻轻扳动主轴。

下面我们以调节 CA6140 车床的主轴转速为 40r/min 作为例子来讲述车床主轴转速的变速操作的步骤。

(1)找出车床主轴转速是在转速刻度盘上的哪个挡位的数字，并记住该数字的颜色。40r/min 属于刻度盘上的"450,160,40,10"这个挡位并且颜色为黄色。

(2)将稍短的那个主轴转速调节手柄旋转到相应的挡位。若要调节主轴的转速为 40r/

min，我们就将稍短的那个手柄旋转到"450，160，40，10"这个挡位。

（3）将较长的那个主轴调节手柄旋转到相应的颜色挡位。主轴转速为 40r/min，所以较长手柄应位于黄色挡位。

2．进给量的调整

进给量的调节，是根据进给量在车床进给箱铭牌（表 1-6）上的位置，变换主轴箱、进给箱上手轮与手柄的位置并调整来实现的。

表 1-6　CA6140 型车床进给箱上的进给量铭牌（局部）

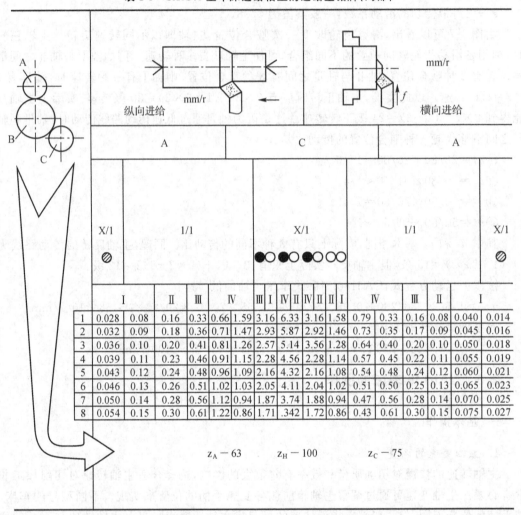

	X/1	1/1				X/1					1/1			X/1
		A				C					A			A
	I	II	III	IV	III	I	IV	II	IV	II	II	I	IV	III	II	I
1	0.028	0.08	0.16	0.33	0.66	1.59	3.16	6.33	3.16	1.58	0.79	0.33	0.16	0.08	0.040	0.014
2	0.032	0.09	0.18	0.36	0.71	1.47	2.93	5.87	2.92	1.46	0.73	0.35	0.17	0.09	0.045	0.016
3	0.036	0.10	0.20	0.41	0.81	1.26	2.57	5.14	3.56	1.28	0.64	0.40	0.20	0.10	0.050	0.018
4	0.039	0.11	0.23	0.46	0.91	1.15	2.28	4.56	2.28	1.14	0.57	0.45	0.22	0.11	0.055	0.019
5	0.043	0.12	0.24	0.48	0.96	1.09	2.16	4.32	2.16	1.08	0.54	0.48	0.24	0.12	0.060	0.021
6	0.046	0.13	0.26	0.51	1.02	1.03	2.05	4.11	2.04	1.02	0.51	0.50	0.25	0.13	0.065	0.023
7	0.050	0.14	0.28	0.56	1.12	0.94	1.87	3.74	1.88	0.94	0.47	0.56	0.28	0.14	0.070	0.025
8	0.054	0.15	0.30	0.61	1.22	0.86	1.71	.342	1.72	0.86	0.43	0.61	0.30	0.15	0.075	0.027

$z_A - 63$　　　$z_H - 100$　　　$z_C - 75$

下面我们以选择表 1-6 中的纵向进给量为 2.57mm/r 作为例子来讲述在调节进给量时，手柄和手轮变换的具体步骤。

（1）把主轴箱正面左侧的左、右螺纹变换手柄旋转到右下角的"X/1"的位置。

（2）将进给箱正面右侧的内手柄放在挡位"C"，外手柄放在挡位"Ⅲ"的位置。

（3）进给箱正面左侧手轮上有 1～8 八个数字，表示 8 个位置，向外拉出手轮，旋转到位置 3 后再将进给手轮推进去。

（4）经过上述操作，我们就成功地将车床的纵向进给量调整为 2.57mm/r。

3. 螺纹种类转换及丝杠或光杠传动的调整

一般车床均可车米制和英制螺纹。车螺纹时必须用丝杠传动，而其他进给则用光杠传动。实现螺纹种类的转换和光、丝杠传动的转换，一般是采取一个或两个手柄控制。不同型号的车床，其手柄的位置和数目有所不同，但都有符号或汉字指示，使用时按符号或汉字指示扳动手柄即可。

4. 手动手柄的使用

一般来说，操作者面对车床，顺时针摇动纵向手动手柄，刀架向右移动；逆时针转动时，刀架向左。顺时针摇动横向手柄，刀架向前移动；逆时针摇动则相反。此外，小滑板手轮也可以手动，使小滑板作少量移动。

5. 自动手柄的使用

一般车床控制自动进给的手柄设在溜板箱前面，并且在手柄两侧都有文字或图形表明自动进给的方向，使用时只需按标记扳动手柄即可。如果是车削螺纹，则需由开合螺母手柄控制，将开合螺母手柄置于"合"的位置即可车削螺纹。

6. 主轴启闭和变向手柄的使用

一般车床部在光杠下方设有一操纵杆式开关来控制主轴的启闭和变向。当电源开关接通后，操作杆向上提为正转，向下为反转，中间位置为停止。

二、操作步骤

1. 车床启动步骤（操纵杆操作）

（1）检查车床开关、手柄和手轮是否处于中间空挡位置，如主轴正反转操纵手柄要处于中间的停止位置，机动进给手柄要处于十字槽中央的停止位置等。

（2）将挂轮箱上面的开关面板上的电源开关锁旋至"1"位置。

（3）向上扳动电源总开关由"OFF"至"ON"位置，即电源由"断开"至"接通"状态，车床得电，同时床鞍上的刻度盘照明灯亮。

（4）打开开关面板上的照明开关使车床照明灯亮。

（5）将主轴的转速调成低速。

（6）按下床鞍上的绿色启动按钮，启动电动机，此时因为主轴正反转手柄处于中间停止位置，所以车床主轴不会转动。

（7）观察车床主轴箱的油窗和进给箱、溜板箱油标，完成每天的润滑工作。

（8）将进给箱右下侧的主轴正反转操纵杆手柄向上提起，实现主轴正转车床。

2. 车床停止的操作

（1）使操纵杆处于中间位置，实现车床主轴停止转动。

（2）按床鞍上的红色的停止（或急停）按钮。如果需要车床长时间停止，则必须再完成步骤 3、4。

（3）关闭车床电源总开关。向下扳动电源总开关由"ON"至"OFF"位置，即电源由"接通"至"断开"状态，车床不带电。同时床鞍上的刻度盘照明灯灭。

（4）将开关面板上的电源开关锁旋至"0"位，再把钥匙拔出收好。拔出钥匙后，总开关是合不上的，车床仍不得电。

3．操作车床注意事项

（1）开车前要检查各手柄是否处于正确位置、机床上是否有异物、卡盘扳手是否移开，确定无误后再进行主轴转动。

（2）机床未完全停止前严禁变换主轴转速，否则可能发生严重的主轴箱内齿轮打齿现象，甚至发生机床事故。

（3）纵向和横向手柄进退方向不能摇错，尤其是快速进、退刀时要千万注意，否则可能发生工件报废或安全事故。

2.6 车床的润滑及维护保养

一、车床的润滑系统

为了使车床在工作中减少机件磨损，保持车床的精度，延长车床的使用寿命，必须对车床上所有摩擦部位定期进行润滑。

机床零件的所有摩擦面，应当全面按期进行润滑，以保证机床工作的可靠性，并减少零件的磨损及功率的损失。操作者应了解本机床的各个润滑点的分布和所用的润滑剂牌号、润滑周期以及润滑方式等。

1．润滑点的分布及润滑剂牌号、润滑周期

润滑点的分布图如图 1-10 所示，机床上已标记了相应的润滑点。

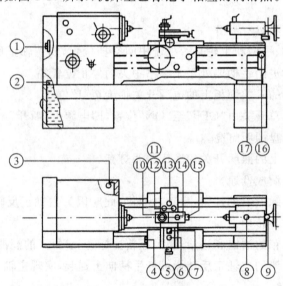

图 1-10 润滑点分布图

各润滑点使用的润滑剂和润滑周期如表 1-7 所示。

表 1-7 普车润滑点分布及相应的润滑剂和润滑周期

机床部件	床头箱、进给箱		滑板箱		床鞍、床身导轨					尾座		刀架			丝杠、光杆	
润滑点	1	2	3	4	5	6	7	11	12	13	8	9	10	14	15	16	17
润滑剂	2 号钙基润滑脂 GB491-87		HL46 液压油														

润滑周期	▲	★◆★▲

注1:换油前清洗所有的润滑点。

注2:润滑周期是按两班制车间,每班工作 8 小时提出的。

▲每班加油一次;★7 天加油一次;◆50 天换油一次

2. 润滑油的选用

本机床除润滑挂轮架中间齿轮的润滑点 1 外,其他各润滑点全部采用 HL46 液压油润滑,该液压油在 40℃时的运动黏度为 $41.4 \sim 50.6(m^2/s)$,凝点－10℃以下,机械杂质不大于 0.007%,闪点不低于 180℃。

润滑点 1 采用 2 号钙基润滑脂,其使用温度不高于 55℃,凝点－5℃以下,滴点为不低于 80℃。

拓展知识

(1)黏度指数。黏度指数表示油品黏度随温度变化的程度,黏度指数越高,表示油品黏度受温度的影响越小,其黏温性能越好,反之越差。

(2)凝点。凝点是指在规定的冷却条件下油品停止流动的最高温度。润滑油的凝点是表示润滑油低温流动性的一个重要质量指标,对于生产、运输和使用都有重要意义,凝点高的润滑油不能在低温下使用。相反,在气温较高的地区则没有必要使用凝点低的润滑油。因为润滑油的凝点越低,其生产成本越高,造成不必要的浪费。一般说来,润滑油的凝点应比使用环境的最低温度低 5~7℃。

(3)闪点。闪点是表示油品蒸发性的一项指标。油品的馏分越轻,蒸发性越大,其闪点也越低。反之,油品的馏分越重,蒸发性越小,其闪点也越高。同时,闪点又是表示石油产品着火危险性的指标。油品的危险等级是根据闪点划分的,闪点在 45℃ 以下为易燃品,45℃以上为可燃品,在油品的储运过程中严禁将油品加热到它的闪点温度。在黏度相同的情况下,闪点越高越好。因此,用户在选用润滑油时应根据使用温度和润滑油的工作条件进行选择。一般认为,闪点比使用温度高 20~30℃,即可安全使用。

(4)滴点是指润滑脂受热溶化开始滴落的最低温度,是润滑脂的重要指标之一。滴点可以确定润滑脂使用时允许的最高温度。一般来讲,润滑脂应在低于滴点 20~30℃温度下工作。

二、车床的润滑方式和方法

(1)床头箱及进给箱采用箱外循环强力润滑。床腿内油箱(润滑分布图的润滑点 2)和溜板箱的润滑油(润滑分布图的润滑点 4)在两班制的车间约 50~60 天更换一次,但第一次和第二次应为 10 天和 20 天,以便排除试车时未能洗净的污物。废油放净后贮油箱和油线要用干净煤油彻底洗净。注入的油应经过过滤,油面不得低于游标中心线。

(2)床头箱和进给箱的润滑油泵经三角带(手动刹车机床)或润滑电机(脚踏刹车机床)带动,把润滑油打到床头箱和进给箱,开车后应检查床头箱是否来油。进给箱箱体上部有贮油槽,使泵来的油润滑各点。润滑油最后流回油箱。

手刹车机床:启动主电机一分钟后,床头箱内形成油雾,各部润滑点得到润滑油,才可以启动主轴。

脚刹车机床:需先启动润滑电机一分钟后,待从油窗内观察到来油后方可启动主电机。

(3)床头箱后端三角形滤油器,每周应用煤油清洗一次。

(4)溜板箱下部是个油箱,应把油注到油标的中心,溜板箱上有贮油槽,用羊毛线引油润滑各轴承、蜗杆。部分齿轮浸在油中,当转动时造成油雾润滑各齿轮。当油位低于油标时应打开加油孔(润滑分布图的润滑点4)向溜板箱内注油。

(5)床鞍和床身导轨的润滑是由床鞍内油盒(润滑分布图的润滑点7)供给润滑油的,每班加油一次,其润滑步骤是:

①旋转床鞍手柄将滑板移至床鞍最前端或最后端(若向内移动滑板至最前端,应去掉滑板的防护罩)。

②在床鞍内有一油盒1,打开盖2,向盒内倒油,倒满后盖好盖2(图1-11)。

③若滑板在最前端,应把滑板防护罩装上。

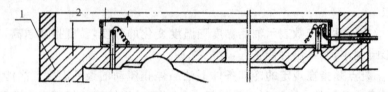

图1-11 床鞍润滑油盒

(6)刀架和小丝杠(润滑分布图的润滑点10、14、15)用油枪加润滑油,滑板和横向丝杆(润滑分布图的润滑点11、12、13)也用油枪加油润滑。

(7)交换齿轮轴头(润滑分布图的润滑点1)有一螺塞,每班转动螺塞一次,使箱内的ZG-2钙基润滑脂对轴与套之间润滑。

(8)尾座套筒及其丝杠传动靠润滑分布图的润滑点8、9进行润滑,每班可用油枪加油一次。

(9)丝杠、光杠及变向杠的后轴承润滑是用后托架的贮油池(润滑分布图的润滑点16)内的羊毛线引油,每班加油一次。

三、CA6140润滑标牌

润滑标牌见图1-12。

机床润滑常采用以下六种润滑方式,见表1-8。

表1-8 润滑方式

润滑方式	润滑点
浇油润滑	车床露在外面的滑动表面,如导轨。
溅油润滑	车床齿轮箱内等部位的零件,一般是利用齿轮转动时把润滑油飞溅到各处进行润滑。
油绳润滑	进给箱内的轴承和齿轮。
弹子油杯润滑	相对摩擦较小的部位,如车床层座,中、小滑板摇手柄转动轴承部位。
油脂杯润滑	交换齿轮箱的中间齿轮等部位。
油泵循环润滑	依靠车床内的油泵供应充足的油量来进行润滑。

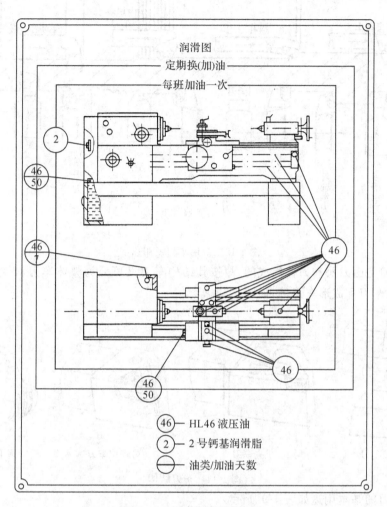

图 1-12　机床润滑系统标牌

第 3 节　认识车刀

3.1　车刀种类及用途

车刀按用途可分为外圆车刀、端面车刀、切断刀、成形车刀、螺纹车刀和车孔刀等,如图 1-13 所示。

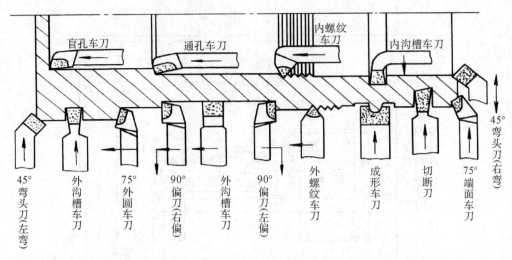

图 1-13 常用车刀及用途

由于车刀是由刀头和刀体组成的,故按其结构车刀又可分为整体车刀、焊接车刀、机夹车刀、可转位车刀和成形车刀等,如图 1-14 所示。

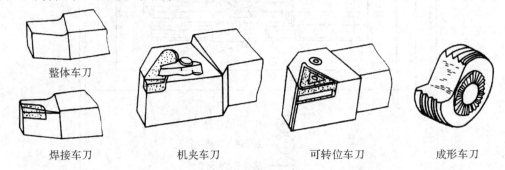

图 1-14 车刀结构

各种车刀的基本用途如表 1-9 所示。

表 1-9 车刀用途

车刀类型	用途
90°外圆车刀(偏刀)	用来车削工件的外圆、台阶和端面,分为左偏刀和右偏刀两种。
45°弯头刀	用来车削工件的外圆、端面和倒角。
切断刀	用来切断工件或在工件表面切出沟槽。
车孔刀	用来车削工件的内孔,有通孔车刀和盲孔车刀。
成形车刀	用来车削台阶处的圆角、圆槽或车削特殊形面工件。
螺纹车刀	用来车削螺纹。

3.2 车刀的组成与几何角度

一、车刀的结构组成

车刀由刀头与刀体两个部分组成,刀头用来切削又称切削部分,刀体是用来将车刀夹固在刀架上的部分,其主要作用是保证刀具切削部分有一个正确的工作位置。

刀头由刀面、刀刃组成,包括有:前刀面、主后面、副后面、主切削刃、副切削刃、修光刃、刀尖等(图1-15)。所有车刀都由上述各部分组成,但结构可能不同,例如典型的外圆车刀是由三面、二刃、一刀尖组成,而切断刀就有四个面、三个刀刃、二个刀尖组成。此外,切削刃可以是直线,也可以是曲线。如车特形面的成形刃的刀刃就是曲线型。

车刀的切削部分对于90°外圆车刀来讲主要有三面两刃一刀尖组成,如表1-10所示。

表1-10　车刀的组成

三面	前刀面	切削时切屑沿其流出的那个面
	后刀面	切削时刀具上与工件被加工表面相对的表面
	副后面	切削时刀具上与工件已加工表面相对的表面
两刃	主刀刃	前面和主后面相交的线,担任主要切削任务
	副刀刃	前刀面与副后面相交构成的切削刃,它配合主刀刃完成次要的切削工作,副刀刃也参加切削工作,对已加工表面起修光作用
刀尖	刀尖	主刀刃与副刀刃的相交点,相交部分也可以是一小段过渡圆弧,也可以磨成一小段直线过渡刃

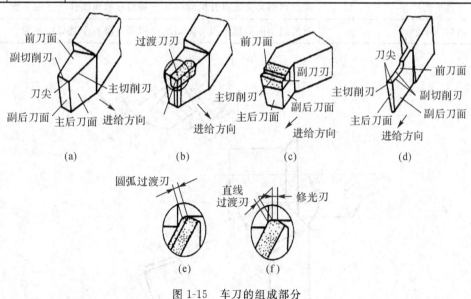

图1-15　车刀的组成部分

二、车刀的辅助平面

为了确定上述刀面及切削刃的空间位置和刀具几何角度的大小,必须建立适当的参考系(坐标平面)。选定切削刃上某一点从而假定的几个平面称为辅助平面,如图1-16所示。

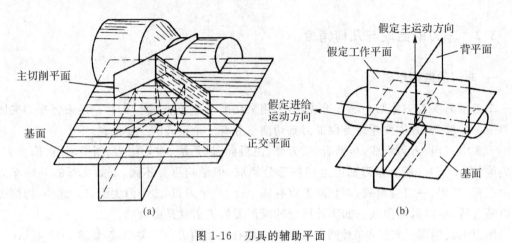

(a)   (b)

图 1-16 刀具的辅助平面

设想中的三个辅助平面,主要用于确定车刀的几何角度和确定车刀切削角度的位置,各平面的定义如表 1-11 所示。

表 1-11 车刀各面的定义

名称	字母缩写	定义
基面	p_r	通过刀刃上某一选定点并垂直于该点切削速度方向的平面
切削平面(主切削平面)	p_s	通过刀刃上某一选定点,切于工件过渡表面且与基面垂直的平面
正交平面	p_o	通过刀刃上某一选定点并同时垂直于基面和主切削平面的平面
假定工作平面		通过切削刃选定点与基面垂直,且与假定进给运动方向平行的平面
背平面	p_n	通过切削刃选定点并同时垂直于基面和假定工作平面的平面
副切削平面	p_s	通过副切削刃选定点与副切削刃相切并垂直于基面的平面

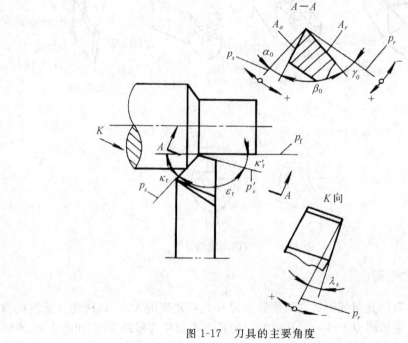

图 1-17 刀具的主要角度

三、车刀的角度

车刀的切削部分共有六个独立的基本角度,刀具的切削性能、锋利程度及强度主要是由刀具的几何角度来决定的,各角度的标注如图 1-17 所示。

1. 前角(γ_0)

前角面和基面间的夹角。前角的大小反映了刀具前面倾斜的程度,决定刀刃的强度和锋利程度,影响切削变形和切削力的大小。前角有正负之分,当前面在基面下方时为正值,反之为负值,如图 1-17 所示为正。前角大,刃口锋利,可减少切削变形和切削力,易切削,易排屑;但前角过大,强度低,散热差,易崩刃。前角的大小主要根据工件材料、刀具材料和加工要求进行选择。硬质合金车刀前角参考值如表 1-12 所示。

表 1-12　硬质合金车刀前角参考值

工件材料	前角		工件材料	前角	
	粗车	精车		粗车	精车
低碳钢	20°～25°	25°～30°	灰铸铁	10°～15°	5°～10°
中碳钢	10°～15°	15°～20°	铜及铜合金	10°～15°	5°～10°
合金钢	10°～15°	15°～20°	铝及铝合金	30°～35°	35°～40°
淬火钢	−15°～5°		钛合金	5°～10°	
不锈钢	15°～20°	20°～25°			

2. 后角($F = \sqrt{F_c^2 + F_p^2 + F_{f0}^2}$)

主后面与主切削平面间的夹角。后角的大小决定刀具后面与工件之间的摩擦及散热程度。后角过大,会降低车刀强度,且散热条件差,刀具寿命短;后角过小,摩擦严重,温度高,刀具寿命也短。硬质合金车刀的后角参考值如表 1-13 所示。

3. 楔角(β_0)

前面与主后面间的夹角。

$$\beta_0 = 90° - (\gamma_0 + F_c = C_{F_c} a_p^{X_{Fc}} f^{Y_{Fc}} K_{F_0})$$

4. 主偏角(K_r)

主切削刃在基面上的投影与假定进给运动方向间的夹角,主偏角的大小决定背向力与进给力的分配比例和刀头的散热条件。主偏角大,背向力小,散热差;主偏角小,进给力小,散热好。

表 1-13　硬质合金车刀后角参考值

工件材料	前角		工件材料	前角	
	粗车	精车		粗车	精车
低碳钢	8°～10°	10°～12°	灰铸铁	4°～6°	6°～8°
中碳钢	5°～7°	6°～8°	铜及铜合金	6°～8°	6°～8°
合金钢	5°～7°	6°～8°	铝及铝合金	8°～10°	10°～12°
淬火钢	−8°～10°		钛合金	10°～15°	
不锈钢	6°～8°	8°～10°			

5. **副偏角（K_r'）**

副切削刃在基面上的投影与假定进给运动反方向之间的夹角，副偏角的大小决定切削刃与已加工表面之间的摩擦程度。较小的副偏角对已加工表面有修光作用，其参考值如表1-14所示。

表 1-14　车刀主偏角、副偏角参考值

加工条件	主偏角	副偏角
工艺系统刚性好，车淬硬钢、冷硬铸铁	10°～30°	10°～5°
工艺系统刚性较好，车外圆、端面，中间切入	45°	45°
工艺系统刚性较差，粗车、强力切削	70°～75°	15°～10°
工艺系统刚性差，车台阶轴、细长轴	80°～93°	10°～6°
切断、车槽	≥90°	1°～2°

6. **刃倾角（λ_s）**

主切削刃与基面间的夹角。刃倾角主要影响排屑方向和刀尖强度。刃倾角有正值、负值和零度三种，如图1-18所示。

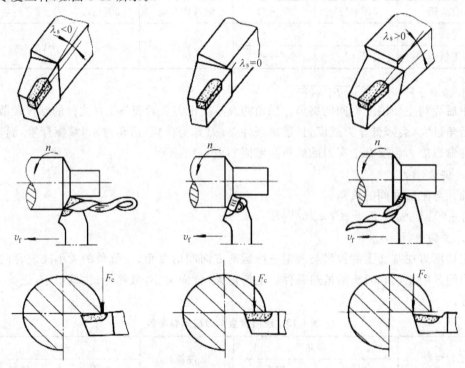

图 1-18　刃倾角

当刀尖是主切削刃上的最高点时，刃倾角为正值，切削时切屑流向待加工表面，保护已加工表面不被切屑划伤，但刀尖强度较差，不耐冲击。当刀尖是主切削刃的最低点时，刃倾角为负，切削时切屑流向已加工表面，保护了刀尖，增加了刀具寿命，但容易擦伤已加工表面。当主切削刃和基面平行，也即刀刃上各点等高时，刃倾角等于零度，切削时切屑垂直于主切削刃方向流出并很快卷曲，刀尖抗冲击能力较强。

7. 刀尖角(ε_r）

主切削平面与副切削平面间的夹角。

3.3 车刀的材料

一、车刀切削部分的材料要求

刀具工作时,其切削部分受到高温、高压和摩擦作用,因此必须具有下列基本性能才能满足切削时候的要求。

(1)硬度(冷硬性):刀具材料必须具有高于工件材料的硬度,常温硬度要求在 HRC90 以上。

(2)热硬性(红硬性):由于切削区温度很高,因此刀具材料应具有高温下保持高硬度的性能。高温时硬度高则热硬性好。

(3)强度和韧性:刀具材料应具有足够的强度和韧性,以承受切削力和振动。

(4)耐磨性:材料强度、硬度、抗黏附性和组织结构等因素的综合反映,刀具材料必须具有良好的抵抗磨损的能力(耐磨性好)。

(5)良好工艺性及经济性:为了能方便地制造刀具,刀具材料应具备可加工性、可刃磨性、可焊接性及可热处理性等,同时刀具选材应尽可能满足资源丰富、价格低廉的要求。

除上述基本性能外,刀具材料还要具备较好的导热性。常用的刀具材料和性能如表 1-15 所示。

表 1-15　常用车刀材料

车刀材料	牌号	性能	用途
高速钢	W18Cr4V	有较好的综合性能和可磨削性能	制造各种复杂刀具和精加工刀具,应用广泛
	W6Mo5Cr4V	有较好的综合性能,热塑性较好	用于制造热轧刀具,如扭槽麻花钻等
硬质合金	YG3	抗弯强度和韧性较好,适于加工铸铁、有色金属等脆性材料或冲击力较大的场合	用于精加工
	YG6		介于粗、精加工之间
	YG8		用于粗加工
	YT5	耐磨性和抗黏附性较好,能承受较高的切削温度,适于加工钢或其他韧性较大的塑性金属	用于粗加工
	YT15		介于粗、精加工之间
	YT30		用于精加工

二、车刀切削部分的材料

早期,刀具材料主要用碳素工具钢及合金工具钢。由于它们的热理性较差(碳素工具钢超过 200℃ 就会降低它的硬度,合金工具钢切削时能承受 250～300℃ 以下的温度),现代在车削刀具中已很少应用,主要用于切削速度不高(一船切削速度不大于 0.13m/s)的手用工具,如锉刀、手用铰刀、丝锥、板牙等。碳素工具钢的牌号有 T7、T 8、T8Mn、T9、T10、T11、T12、T13 等(优质者加"A",如 T12A 表示含碳千分之十二的优质碳素工具钢)。合金工具钢的牌号有 9SiCr、CrWMn、Cr2、W、V、Cr06、CrW5 等。

目前用作切削部分工具钢主要有高速钢和硬质合金两种。

1. 高速钢

高速钢（又名风钢、锋钢或白钢）：其热硬性、耐磨性比碳素工具钢及合金工具钢有显著提高，切削时能承受 540～600℃ 以下温度，可以 0.5m/s 左右或更高的切削速度加工碳结构钢。它的抗弯强度、冲击韧性比硬质合金高；加工方便，容易磨成锋利的刃口；可进行锻造和热处理，刃口锋利能承受较大的冲击力，适合加工形状不规则的工件和用于精加工的成形刀螺纹刀。制造复杂形状刀具时，主要采用高速钢。因此，高速钢是目前应用范围最广泛的刀具材料。

其缺点是不耐高温，在 500～600℃ 时就会失去切削性能，因此不宜用于高速切削。

2. 硬质合金

硬质合金是用钨和钛的炭化物粉末加钴作结合剂，经高压压制后再高温烧结而成，其硬度为 HRC69～82（HRA86～91），能承受工作温度为 800～10000℃，因此采用的切削速度比高速钢要高得多，这是硬质合金被广泛采用的主要原因。它分为两大类：

一类是钨钴类硬质合金，是由炭化钨和钴组成，代号 YG 。它坚韧性较好，适合加工脆性材料（如铸铁，铸铜等）或冲击性较大的工件。YG3 可用于粗加 I，YG6 、YG8 可于用精加 I。

另一类是钨钴钛类硬质合金，是由炭化钛和钴组成，代号为 YT。它耐磨性较好，能承受较高的切削温度，适合加工塑性材料（如钢件）或其他韧性较大的塑性材料，其缺点是有脆性，不耐冲击，不宜加工脆性材料（如铸铁铸铜）。YT5 可用于粗加 I，YT5 、YT30 可用于精加 I。

硬质合金能耐高温在 1000℃ 时仍能保持良好的切削性能，耐磨性也很好，硬度高，具有一定的使用强度，其缺点是韧性较差，性能脆，怕冲击等，可以通过刃磨合理的切削角度以及选择合理的切削用量来弥补。

3. 其他刀具材料

除上述几种刀具材料外，还有陶瓷、金刚石及立方氮化硼等几种高硬度的刀具材料。

3.4　车刀的刃磨

一、刀具的磨损

刀具磨损是指刀具摩擦面上的刀具材料逐渐损失的现象。当磨损量达到一定程度时，切削力明显加大，切削温度上升较快，切削颜色改变，甚至产生振动。同时，工件尺寸可能超差，加工表面质量也明显恶化，此时必须刃磨刀具或更换新刀。

1. 刀具的磨损形态

刀具磨损分为正常磨损与非正常磨损两类。正常磨损是在刀具设计与使用合理、制造与刃磨质量符合要求的情况下，刀具在切削过程中逐渐产生的磨损。刀具正常磨损的形态一般有以下三种，如图 1-19 所示。

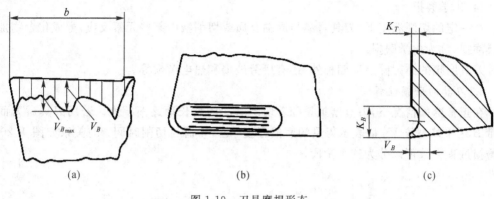

图 1-19　刀具磨损形态

（1）前刀面磨损

切屑沿前刀面流出时，由于摩擦、高压、高温的作用，使刀具前刀面上靠近主切削刃处磨损出洼凹（称为月牙洼），月牙洼产生的地方是在切削温度最高的地方。磨损量的大小用月牙洼的宽度 K_B 和深度 K_T 表示，如图 1-19(b)、(c)所示，它是在高速、大进给量切削塑性材料时产生的。

（2）后刀面磨损

由于切削刃的刃口钝圆半径对加工表面的挤压和摩擦，在连接切削刃的后刀面上磨出一后角等于零的小棱面，这就是后刀面磨损，磨损量用 V_B 表示，如图 1-19(a)所示。它是在切削速度较低、切削厚度较小的情况下，切削脆性材料时产生的。

（3）前、后刀面同时磨损

在切削过程中，由于振动、冲击、热效应等异常原因，导致刀具突然损坏的现象（如崩刃、碎裂等）称为非正常磨损。

2. 刀具磨损的原因及减轻措施

（1）磨料磨损

在车削过程中，工件材料中的碳化物、氧化物、氮化物和积屑碎片等硬质点，在刀具表面上划出沟纹造成的刀具磨损。减轻磨损的措施可以采取热处理使工件材料所含硬质点减小、变软，或选用硬度高、晶粒细的刀具材料。

（2）黏结磨损

刀具表面与切屑、加工表面形成的摩擦副，在切削压力和摩擦力作用下，使接触面间微观不平度的凸出点处发生剧烈塑性变形，温度升高而造成黏结。接触面滑动时黏结点产生剪切破裂而造成的磨损称为黏结磨损，当颗粒大时称为剥落。

黏结磨损主要发生在中等切削速度范围内，磨损程度主要取决于工件材料与刀具材料间的亲和力、两者的硬度比等。增加系统的刚度，减轻振动有助于避免大微粒的脱落。

（3）扩散磨损

高温切削时，刀具与切屑、加工表面接触区摩擦副间的某些化学元素互相扩散置换，使刀具材料变得脆弱而造成的磨损称为扩散磨损。

减轻刀具扩散磨损的措施主要是合理选择刀具材料，使它与工件材料组合的化学稳定性好；并合理选择切削用量以降低切削温度。

（4）化学磨损

在一定的切削温度下，刀具材料与周围介质或切削液中某些元素反应，生成化合物加速刀具磨损，称为化学磨损。

刀具磨损的原因除上述四种外，还有疲劳破损和热电磨损等。

3. 刀具的磨损过程

在正常磨损情况下，刀具磨损量随着切削时间的增长而逐渐扩大。若用刀具后刀面磨损带 B 区平均宽度 V_B 值表示刀具的磨损程度，则 V_B 值与切削时间 t 的关系如图 1-20 所示磨损过程大致可以分为三个阶段。

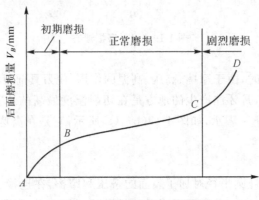

图 1-20 刀具磨损典型曲线

（1）初期磨损阶段

图 1-20 中的 AB 段。由于新刃磨的刀具切削刃和后刀面不平整，或有微裂纹等缺陷，切削初期刀具磨损较快。

（2）正常磨损阶段

图 1-20 中的 BC 段。刀具表面磨平后，接触面积增大，压强减小，磨损量大致与切削时间呈线性关系，这一阶段是刀具的有效工作阶段。

（3）剧烈磨损阶段

图 1-20 中的 CD 段。磨损量达到一定数值后，刀具变钝，切削力增大，切削温度剧增，刀具急剧磨损而丧失使用性能，使用时应避免达到这一阶段。

二、刃磨的分类与砂轮的选择

车刀可分为重磨和不重磨两种，一般来讲在普通车床上常用的高速钢车刀与焊接式硬质合金刀在使用前都需要刃磨，并且可以多次修磨，对于数控机床所使用的机械夹固式刀具，为了提高生产效率减少刃磨及刀具安装的辅助时间，再加上数控机床所特有的两轴或多轴联动的加工方式，基本上都采用了不重磨车刀，目前这种机械夹固式不重磨车刀也普遍地应用在普通车床上（主要用于工件的粗加工）。

车刀的刃磨一般有机械刃磨和手工刃磨两种。进行车刀刃磨时，必需备有磨刀砂轮。常用的砂轮有两种，一种是氧化铝砂轮，另一种是碳化硅砂轮。刃磨时必须根据刀具材料来选用砂轮。

氧化铝砂轮多呈白色，其砂粒韧性好、较锋利，但硬度稍低，常用来刃磨高速钢车刀和碳素工具钢刀具（高速钢不耐高温，因此在刃磨时应经常冷却）。

碳化硅砂轮呈绿色,它硬质高、磨削性能好,但性能脆,用来刃磨硬质合金车刀(因为硬质合金材料脆,所以在刃磨时一定不能冷却,否则刀头部分会开裂)。

砂轮的粗细是根据单位面积的砂子的粒数来确定的,砂粒的粒数越多,表明砂轮越细;反之砂粒的粒数越少,砂轮就越粗。粗磨刀具时选用粒数少的粗砂轮,砂轮的粒数一般有36粒、46粒、60粒、70粒、80粒等。一般粗磨时选用粒度小颗粒粗的平形砂轮,精磨时选用粒度大颗粒细的杯形砂轮。

粗磨时一般选用46～60粒。

精磨时一般选用70～80粒。

三、刃磨车刀的姿势及方法

(1)人站立在砂轮机的侧面,以防砂轮碎裂时,碎片飞出伤人。

(2)两手握刀的距离放开,两肘夹紧腰部,以减小磨刀时的抖动。

(3)磨刀时,车刀要放在砂轮的水平中心,刀尖略向上翘约 $3°\sim8°$,车刀接触砂轮后应作左右方向水平移动。当车刀离开砂轮时,车刀需向上抬起,以防磨好的刀刃被砂轮碰伤。

(4)磨后刀面时,刀杆尾部向左偏过一个主偏角的角度;磨副后刀面时,刀杆尾部向右偏过一个副偏角的角度。

(5)修磨刀尖圆弧时,通常以左手握车刀前端为支点,用右手转动车刀的尾部。

四、车刀刃磨步骤

一把车刀用钝后必须重新刃磨(指整体车刀与焊接车刀),以恢复车刀原来的形状和角度。车刀是在砂轮机上刃磨的,磨高速钢车刀或磨硬质合金车刀的刀体部分用氧化铝砂轮(白色),磨硬质合金刀头用碳化硅砂轮(绿色)。车刀有机械刃磨和手工刃磨两种方式:机械刃磨效率高,质量好,操作方便;手工刃磨比较灵活,对设备要求低目前仍普遍使用。车刀刃磨的步骤如图1-21所示。

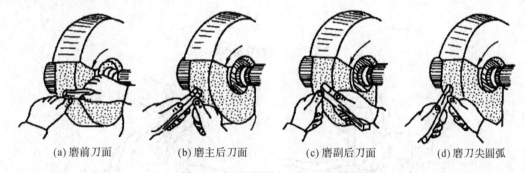

(a)磨前刀面　　　(b)磨主后刀面　　　(c)磨副后刀面　　　(d)磨刀尖圆弧

图1-21　刃磨外圆车刀的一般步骤

1.磨前刀面

目的是磨出车刀的前角及刃倾角。

2.磨主后刀面

目的是磨出车刀的主偏角和主后角。

3.副后刀面

目的是磨出车刀的副偏角和副后角。

4. 磨刀尖圆弧

在主刀刃与副刀刃之间磨刀尖圆弧，以提高刀尖强度和改善散热条件磨刀时，人要站在砂轮侧面，双手拿稳车刀，用力要均匀，倾斜角度要合适，要在砂轮圆周面的中间部位磨，并左右移动。磨高速钢车刀，刀头磨热时，应放入水中冷却，以免刀具因温度过高而软化。磨硬质合金车刀，刀头磨热后应将刀杆置于水中冷却，避免刀头过热沾水急冷而产生裂纹。

5. 磨断屑槽

其目的是使断屑容易。断屑槽常见的形式有圆弧型和直线型两种，如图1-22所示。刃磨圆弧断屑槽，必须先把砂轮的外圆与平面的相交处修整成相应的圆弧。刃磨直线形断屑槽，其砂轮的外圆与平面的相交处必须修整得比较尖锐。刃磨时，刀尖可向上或向下磨削。磨断屑槽姿势如图1-23所示。

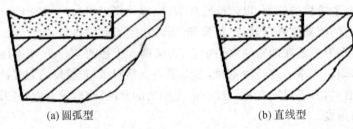

(a) 圆弧型　　　　　　　　　　　　(b) 直线型

图1-22　断屑槽的型式

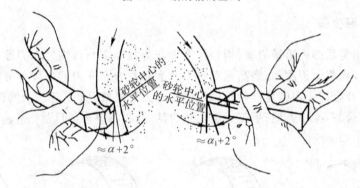

图1-23　磨断屑槽姿势

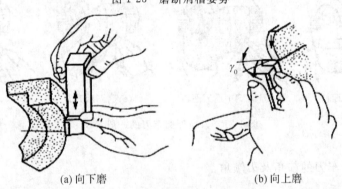

(a) 向下磨　　　　　　　　　　　　(b) 向上磨

图1-24　刃磨断屑槽的方法

磨削断屑槽时，注意刃磨时的起点位置应和刀尖、主切削刃离开一小段距离，以防止将刀尖和切削刃磨坍，磨削时用力不能过大，应将车刀沿刀杆方向上下缓慢移动。刃磨断屑槽的方法如图 1-24 所示。

6.精磨主后面和副后面。

刃磨方法如图 1-25 所示,刃磨时,将车刀底平面靠在调整好角度的台板上,刀刃轻轻靠在砂轮的端面上并沿砂轮端面缓慢地左右移动,使砂轮磨损均匀,保证车刀刃口平直。

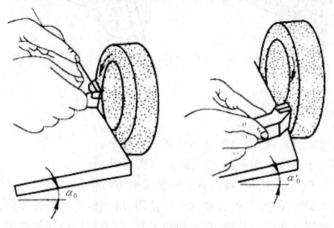

图 1-25　精磨主后面和副后面

7.磨负倒棱

刃磨方法如图 1-26 所示,刃磨时用力要轻柔,车刀要沿主刀刃的后端向刀尖方向摆动。磨削方法有直磨法和横磨法,多用直磨法。负倒棱的宽度一般为进给量的$(0.5\sim0.8)$倍,负倒棱倾斜角为$(-5°\sim-10°)$。

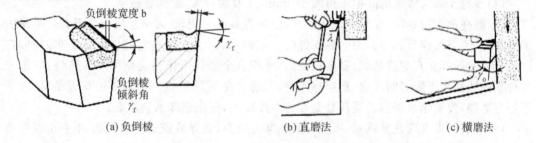

(a) 负倒棱　　　　　　(b) 直磨法　　　　　　(c) 横磨法

图 1-26　负倒棱及磨负倒棱的方法

8.磨过渡刃

过渡刃有直线形和圆弧形两种,刃磨方法与精磨后面时基本相同。对于车削较硬材料的车刀,也可以在过渡刃上磨出负倒棱;对于大进给量车削的车刀,可以用同样的方法在副切削刃上磨出修光刃。采用的砂轮与精磨后面时所用的砂轮相同。

9.研磨

为了保证工件表面加工质量,对精加工使用的车刀,常进行研磨。研磨时,用油石加一些机油,然后在刀刃附近的前面和后面以及刀尖处贴平进行研磨,直到车刀表面光洁,看不出磨削痕迹为止。这样既可使刀刃锋利,又能延长车刀的使用寿命,如图 1-27 所示。

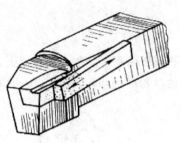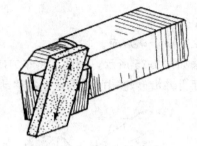

图 1-27　用油石研磨车刀

五、车刀刃磨注意事项

（1）磨刀时应戴防护眼镜，以免沙砾和铁屑飞入眼中。

（2）磨刀时不要正对砂轮的旋转方向站立，以防意外。

（3）新装的砂轮必须经过严格检查并运转试验后方可使用。刃磨刀具前，应首先检查砂轮有无裂纹，砂轮轴螺母是否拧紧，并经试转后使用，以免砂轮碎裂或飞出伤人。

（4）手工磨刀时应站在砂轮侧面，双手握稳刀具，车刀与砂轮接触时用力要均匀，压力不宜过大，否则会使手打滑而触及砂轮面，造成工伤事故。

（5）在盘形砂轮上磨刀时应使用砂轮圆周面磨刀并左右移动刀具，禁止在砂轮机侧面用力粗磨车刀。

（6）磨小刀头时，必须把小刀头装入刀杆上。

（7）砂轮支架与砂轮的间隙不得大于 3mm，入发现过大，应调整适当。

（8）磨高速钢刀具时，要经常用水冷却，以防刀具退火变软；刃磨硬质合金刀具时不得沾水冷却，以免刀片碎裂。车刀刃时和工件时不能碰水，因为会影响它的性能。磨车刀时，在硬质合金的局部会有温度聚集，温度很高，其硬质合金基体不像高速钢那样散热快，如果一遇冷水的话相当于短时间淬火，影响热硬性，容易产生局部裂纹。而高速钢却正相反，为了不把它磨糊，要勤用水降温。硬质合金在 800 度以上，突然遇冷水会崩裂。

（9）刃磨时刀具应往复移动，固定在砂轮某处磨刀，会导致该处形成凹坑，不利于以后的刃磨。同时，砂轮表面要经常修整，以保证刃磨质量。

（10）刃磨结束后，随手关闭砂轮机电源。

3.5　刀具的耐用度与刀具寿命

刃磨后的刀具自开始切削直到磨损量达到磨钝标准为止的切削时间称为刀具耐用度，以 T 表示。耐用度指净切削时间，不包括用于对刀、测量、快进、回程等非切削时间。

刀具耐用度还可以用达到磨钝标准时所走过的切削路程 Lm 来定义。Lm 等于切削速度 v_c 和耐用度 T 的乘积，即 $Lm = v_c \cdot T$。

刀具耐用度是一个重要参数。在相同切削条件下切削某种工件材料时，可以用耐用度来比较不同刀具材料的切削性能；同一刀具材料切削各种工件材料，可以用耐用度来比较材料的切削加工性；还可以用耐用度来判断刀具几何参数是否合理。

刀具寿命是指一把新刀具从使用到报废为止的切削时间，它是刀具耐用度与刀具刃磨次数的乘积。

3.6 车刀的安装

车刀安装在方刀架上,刀尖一般应与车床中心等高。此外,车刀在方刀架上伸出的长短要合适,垫刀片要放得平整,车刀与方刀架都要锁紧,如图 1-28 所示。

车刀使用时必须正确安装(图 1-29),车刀安装的基本要求如下:

(1)刀尖应与车床主轴轴线等高且与尾座顶尖对齐,刀杆应与零件的轴线垂直,其底面应当放在方刀架上。

(2)刀头伸出长度应小于刀杆厚度的 1.5～2 倍,以防切削时产生振动,影响加工质量。

(3)刀具应垫平、放正、夹牢,垫片数量不宜过多,以 1～3 片为宜,一般用两个螺钉交替锁紧车刀。

(4)锁紧方刀架。

(5)装好零件和刀具后,检查加工极限位置是否会干涉、碰撞。

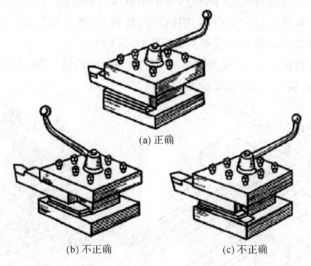

(a) 正确

(b) 不正确　　　　　　　　　(c) 不正确

图 1-28　车刀的装夹

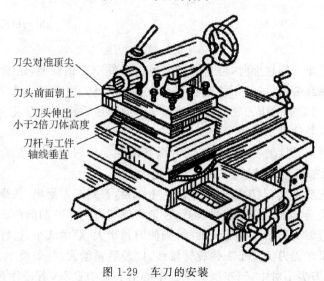

刀尖对准顶尖

刀头前面朝上

刀头伸出
小于2倍刀体高度

刀杆与工件
轴线垂直

图 1-29　车刀的安装

车刀刀尖的高低应对准工件回转轴线的中心(图 1-30(a)),车刀安装得过高或过低都会引起车刀角度的变化而影响切削。若刀尖对不准工件轴线,在车至端面中心时会留有凸头(图 1-30(b))。使用硬质合金车刀时,车到中心处会使刀尖崩碎(图 1-30(c))。

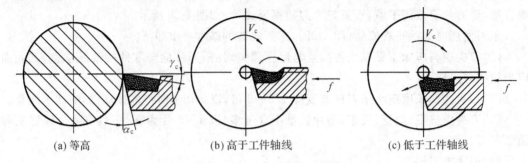

(a) 等高   (b) 高于工件轴线   (c) 低于工件轴线

图 1-30 车刀刀尖与工件轴线的位置

为使刀尖快速、准确地对准工件中心,常采用以下三种方法:

(1)根据机床型号确定主轴中心高,用钢尺测量装刀(图 1-31(a))。

(2)利用尾座顶尖中心确定刀尖的高低(图 1-31(b))。

(3)用机床卡盘装夹工件,刀尖慢慢靠近工件端面,用目测法装刀并加紧,试车端面,根据所车端面中心再调整刀尖高度(即端面对刀)。

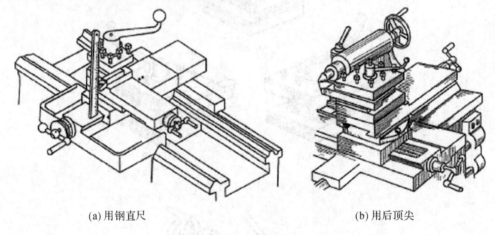

(a) 用钢直尺   (b) 用后顶尖

图 1-31 对刀的方法

根据经验,粗车外圆柱面时,将车刀装夹得比工件中心稍低些,这要根据工件直径的大小决定,无论装高或装低,一般不能超过工件直径的 1%。注意装夹车刀时不能使用套管,以防用力过大使刀架上的压刀螺钉拧断而损坏刀架。用手转动压刀扳手压紧车刀即可。

安装车刀时,要注意下列事项:

(1)车刀的悬伸长度要尽量缩短,以增强其刚性。一般悬伸长度约为车刀厚度的 1～1.5 倍,车刀下面的垫片要尽量少,且与刀架边缘对齐。

(2)车刀一定要夹紧,至少用两个螺钉平整压紧,否则车刀崩出,后果不堪设想。

(3)车刀刀尖应与工件旋转轴线等高,否则将使车刀工作时的前角和后角发生改变。车外圆时,如果车刀刀尖高于工件旋转轴线,则使前角增大、后角减小,这样加大了后面与工件之间的摩擦;如果车刀刀尖低于工件旋转轴线,则使后角增大、前角减小,这样切削的阻力增大,切削不顺畅;刀尖不对中,当车削至端面中心时会留有凸头,若使用硬质合金车刀时,有可能导致刀尖崩碎。

(4)车刀刀杆中心线应与进给运动方向垂直,如图 1-32(b)所示。否则将使车刀工作时的主偏角和副偏角发生改变。主偏角减小,进给力增大;副偏角减小,加剧摩擦。

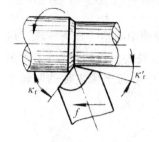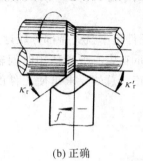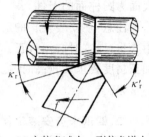

(a) 主偏角增大,副偏角减小   (b) 正确   (c) 主偏角减小,副偏角增大

图 1-32　车刀装偏对主、副偏角的影响

第 4 节　工件的安装

在车床上安装工件时,应使被加工表面的回转中心与车床主轴的轴线重合,以保证工件位置准确;要把工件夹紧,以承受切削力,保证工作时安全。在车床上加工工件时,主要有以下几种安装方法。

一、三爪卡盘安装工件

三爪卡盘是车床最常用的附件,其结构如图 1-33 所示。当转动小锥齿轮时,与之啮合的大锥齿轮也随之转动,大锥齿轮背面的平面螺纹就是 3 个卡爪同时缩向中心或张开,以夹紧不同直径的工件。由于 3 个卡爪能同时移动并对中(对中精度为 0.05～0.15mm),故三爪卡盘适于快速夹持截面为圆形、正三边形、正六边形的工件。三爪卡盘本身还带有 3 个"反爪",反方向装到卡盘体上即可用于夹持直径较大的工件。

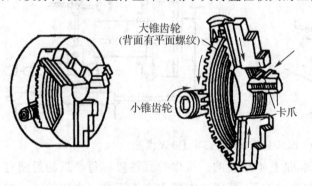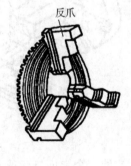

图 1-33　三爪卡盘结构

三爪卡盘安装工件的特点:

(1)三个卡爪是同步进行的。

(2)能自动定心(一般不需要找正)。

(3)一般装夹后不需要找正。

(4)装夹方便、迅速。

(5)夹紧力小。

(6)适合于装夹外形规则中小型工件。

三爪卡盘由于三爪联动,能自动定心,但夹紧力小,故适用于装夹圆棒料、六角棒料及外表面为圆柱面的工件。

注意:在安装较长的工件时,工件离卡盘夹持部分较远处的旋转中心不一定与车床主轴中心重合,这时必须找正。或当三爪自定心卡盘使用时间较长,已失去应用精度,而工件的加工精度要求又较高时,也需要找正。总的要求是使工件的回转中心与车床主轴的回转中心重合。

二、四爪卡盘安装工件

四爪卡盘的构造如图 1-34 所示。

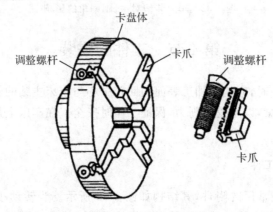

图 1-34 四爪卡盘结构

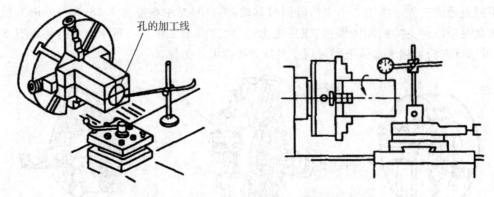

图 1-35 四爪卡盘划线找正与百分表找正

它的 4 个卡爪与三爪卡盘不同,是互不相关的。可以单独调整。每个爪的后面有一半瓣内螺纹,跟丝杆啮合,丝杆的一端有一方孔,是用来安插卡盘扳手的。当转动丝杆时该卡爪就能上下移动。卡盘后面配有法兰盘,法兰盘有内螺纹与主轴螺纹相配合。由于四爪单动,夹紧力大,装夹时工件需找正,如图 1-35 所示。

四爪卡盘安装工件特点:

(1)四个卡爪独立运动,装夹不能自动定心。

(2)四爪单动卡盘装夹工件需要找正。

(3)夹紧力比较大。

(4)可以装夹大型或形状不规则的工件。

(5)可以装夹直径比较大的工件(是由于卡盘均可装成正爪和反爪)。

故四爪卡盘适合于装夹毛坯、方形、椭圆形和其他形状不规则的工件及较大的工件。

三、用顶尖装夹工件

卡盘装夹适合于安装长径比小于4的工件,而当某些工件在加工过程中需多次安装,要求有同一基准,或无需多次安装,但为了增加工件的刚性(加工长径比为4~10的轴类零件)时,往往采用双顶尖安装工件,如图 1-36 所示。

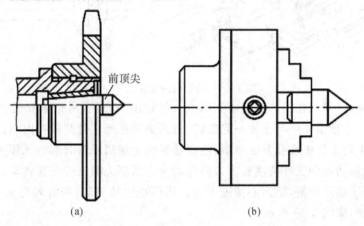

(a) (b)

图 1-36 前顶尖

前顶尖插在主轴锥孔内与主轴一起旋转,如图 1-36(a)所示,前顶尖随工件一起转动。为了准确和方便,有时也可以将一段钢料直接夹在三爪自定心卡盘上车出锥角来代替前顶尖,图 1-36(b)所示,但该顶尖从卡盘上卸下来后,再次使用时必须将锥面重车一刀,以保证顶尖锥面的轴线与车床主轴旋转轴线重合。

后顶尖插在车床尾座套筒内使用,分为死顶尖和活顶尖两种,如图 1-37 所示。

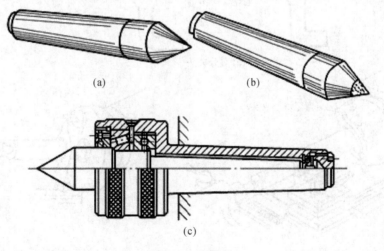

(a) (b)

(c)

图 1-37 后顶尖

常用的死顶尖有普通顶尖、镶硬质合金顶尖和反顶尖等，如图1-38所示。死顶尖的定心精度高，刚性好；缺点是工件和顶针会发生滑动摩擦，发热较大，过热时会把中心孔或顶针"烧"坏。所以，常用镶硬质合金的顶尖对工件中心孔进行研磨，以减小摩擦，死顶尖一般用于低速加工精度要求较高的工件。支承细小工件时可用反顶尖。

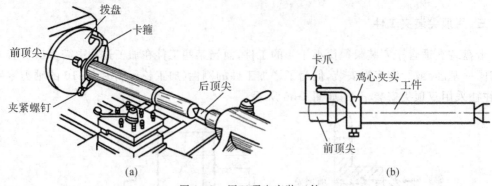

图1-38　用双顶尖安装工件

用顶尖装夹，必须先在工件两端面上用中心钻钻出中心孔，再把轴安装在前后顶尖上。前顶尖装在车床主轴锥孔中与主轴一起旋转，后顶尖装在尾座套筒锥孔内，有死顶尖和活顶尖两种。死顶尖与工件中心孔发生摩擦，应在接触面上加润滑脂润滑。死顶尖定心准确，刚性好，适合于低速切削和工件精度要求较高的场合。活顶尖随工件一起转动，与工件中心孔无摩擦，它适合于高速切削，但定心精度不高。用两顶尖装夹时，需有鸡心夹头和拨盘夹紧来带动工件旋转，如图1-39所示。

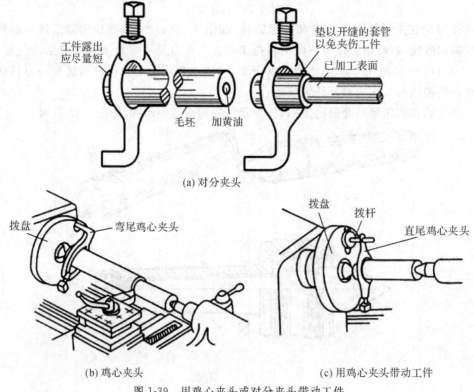

图1-39　用鸡心夹头或对分夹头带动工件

一般前、后顶尖是不能直接带动工件转动的,它必须借助拨盘和鸡心夹头来带动工件旋转。拨盘后端有内螺纹跟车床主轴配合,盘面形式有两种:一种是带有U形槽的拨盘,用来与弯尾鸡心夹头相配带动工件旋转,如图1-39(a)所示;而另一种拨盘装有拨杆,用来与直尾鸡心夹头相配带动工件旋转,如图1-39(b)所示。鸡心夹头的一端与拨盘相配,另一端装有方头螺钉,用来固定工件。

当轴类零件的长度与直径之比较大($L/d>10$)时,即为细长轴。细长轴的刚性不足,为防止在切削力作用下轴产生弯曲变形,必须用中心架或跟刀架作为辅助支承。较长的轴类零件在车端面、钻孔或车孔时,无法使用后顶尖,如果单独依靠卡盘安装,势必会因工件悬伸过长使安装刚性很差而产生弯曲变形,加工中产生振动,甚至无法加工。此时,必须用中心架作为辅助支承。使用中心架或跟刀架作为辅助支承时,都要在工件的支承部位预先车削出定位用的光滑圆柱面,并在工件与支承爪的接触处加机油润滑。

中心架的应用如图1-40所示,中心架固定于床身导轨上,不随刀架移动。中心架应用比较广泛,尤其在中心距很长的车床上加工细长工件时,必须采用中心架,以保证工件在加工过程中有足够的刚性。

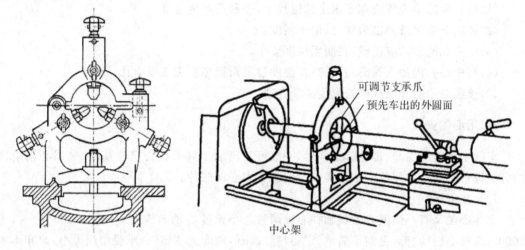

可调节支承爪
预先车出的外圆面
中心架

图 1-40　中心架及其应用

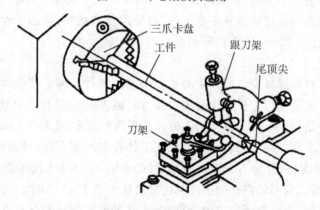

三爪卡盘
工件
跟刀架
尾顶尖
刀架

图 1-41　跟刀架的应用

如图1-41所示为跟刀架的使用情况,利用跟刀架的目的与利用中心架的目的基本相同,都是为了增加工件在加工中的刚性。不同之处在于跟刀架只有两个支撑点,另一个交承点被车刀所代替。跟刀架固定在大拖板上,可以跟随拖板与刀具一起移动,从而有效地增强了工件在切削过程中的刚性。其常被用于精车细长轴工件的外圆,有时也适用于需一次装夹而不能调头加工的细长轴类工件。

四、一夹一顶装夹工件

一夹一顶装夹工件是极为常见的装夹方式,适合车削较重的或者较长的工件,同时可以安装一限位支撑,或者利用工件的台阶进行限位,如图 1-42 所示。

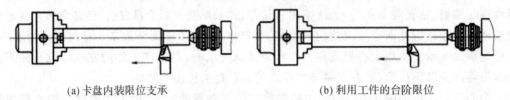

(a)卡盘内装限位支承　　　　　　　　　　(b)利用工件的台阶限位

图 1-42　一夹一顶装夹工件

使用一夹一顶和两顶尖装夹工件时注意事项:

(1)后顶尖的中心线应在车床主轴轴线上,否则易产生锥度。

(2)尾座套管尽量伸出短些,以增加刚度。

(3)中心孔的形状应正确,表面粗糙度要小。

(4)在中心孔内加入润滑脂,以防止温度过高而损坏顶尖或中心孔。

(5)顶尖与中心孔配合的松紧度必须合适。

五、用心轴安装

车削中小型的轴套、带轮等工件时,一般可用已加工好的孔为定位基准,采用心轴定位的方法进行车削。常用的心轴有实体心轴和胀力心轴两种。

1. **实体心轴**

实体心轴又有小锥度心轴和圆柱心轴两种。小锥度心轴的锥度 $C=(1:1000)\sim(1:5000)$,这种心轴的特点是制造简单,定心精度高,但轴向无法定位,承受切削力小,装卸不太方便。用阶台心轴装夹工件时,心轴的圆柱部分与工件孔之间保持较小的间隙配合,工件靠螺母压紧。其特点是一次可以装夹多个工件,若采用开口垫圈,装卸工件就更方便,但定心精度较低,只能保证 0.02mm 左右的同轴度。

2. **胀力心轴**

胀力心轴依靠材料弹性变形所产生的胀力来固定工件。为了使胀均匀,槽可做成三等分。长期使用的胀力心轴可用弹簧钢制成。胀力心轴装卸方便,定心精度高,故应用广泛。

心轴安装方法适用于已加工内孔的工件。利用内孔定位,安装在心轴上,然后再把心轴装在车床前后顶尖之间。用心轴装夹可以保证工件孔与外圆、孔与端面的位置精度。如图 1-43(a)所示为带锥度(一般为 1/1000～1/2000)的心轴,工件从小端压紧到心轴上不需夹紧装置,定位精度较高。当工件内孔的长度与内径之比小于 1～1.5 时,由于孔短,套装在带锥度的心轴上容易歪斜,不能保证定位的可靠性,此时可采用圆柱面心轴,如图 1-43(b)所示,工件的左端靠紧在心轴的台阶上,用螺母压紧。这种心轴与工件内孔常用间隙配合,因此定位精度较差。如图 1-43(c)所示为可胀心轴示意图,转动螺母 2 可使可胀轴套沿轴向移动,心轴锥部使套筒胀开,撑紧工件。胀紧前,工件孔与套筒外围之间有较大的间隙。采用这种安装方式,装卸工件方便,可缩短夹紧时间,且不易损伤工件,但对工件的定位面有一定的尺寸精度、形状精度和表面粗糙度要求。在成批、大量生产中,常用于加工小型零件。其定位精度与心轴制造质量有关,通常为 0.01～0.02mm。

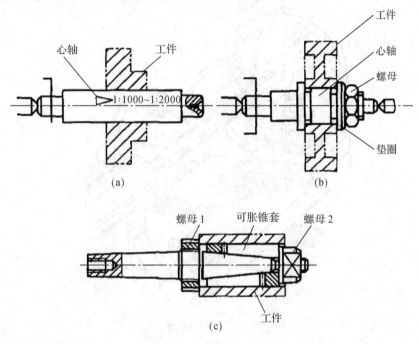

图 1-43　用心轴安装工件

六、用卡盘、顶尖配合中心架、跟刀架装夹工件

中心架主要用于加工有台阶或需要调头车削的细长轴,以及端面和内孔(钻中孔),如图1-44 所示。中心架固定在床身导轨上的,车削前调整其三个爪与工件轻轻接触,并加上润滑油。

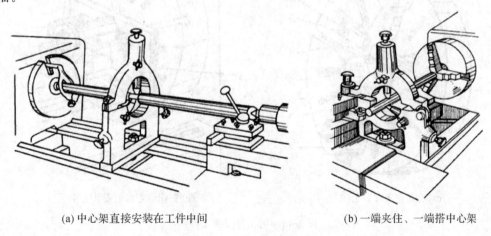

(a)中心架直接安装在工件中间　　　　　　　(b)一端夹住、一端搭中心架

图 1-44　中心架的使用

对不适宜调头车削的细长轴,不能用中心架支承,而要用跟刀架支承进行车削,以增加

工件的刚性,如图1-45所示。跟刀架固定在床鞍上,一般有两个支承爪,它可以跟随车刀移动,抵消径向切削力,提高车削细长轴的形状精度和减小表面粗糙度。如图1-45所示为两爪跟刀架,此时车刀给工件的切削抗力使工件贴在跟刀架的两个支承爪上。

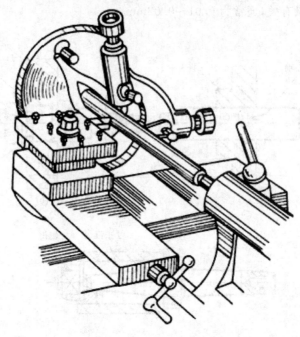

图1-45 跟刀架的使用

七、用花盘安装工件

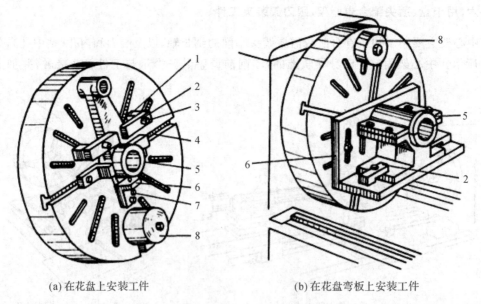

(a)在花盘上安装工件　　　　　　(b)在花盘弯板上安装工件

图1-46 用花盘安装工件图

安装花盘时要先检查轴颈、端面和连接部分有无脏物、铁屑及毛刺等,需去毛刺并擦净、加油后再安装到主轴上,如图 1-46 所示。安装在车床主轴上的花盘,要求其端平面须与主轴轴线垂直,盘面平整光洁。必要时还需用百分表检测花盘的平面跳动量,一般要求在 0.02mm 以内才算合格。如果安装后的花盘检查后仍不符合要求时,可对花盘端面精车一刀,车削时应紧固床鞍以避免让刀,保证精车后的端面平整。

在花盘上安装工件前,必须先检查盘面是否平直,盘面与主轴轴线是否垂直。由于在花盘上安装的工件,重量一般都偏向一边,因此必须在花盘偏重的对面装上适当的平衡铁。平衡铁安装好后,把主轴挂空挡位置,用手转动卡盘,观察花盘能否在任意位置上停下来。如果能在任意位置停下来,就表明花盘上的工件已被调整平衡,否则需要重新调整平衡铁的位置和增减平衡铁的重量。

第 5 节　切削参数

金属切削加工就是用具有一定几何形状的刀具把工件毛坯上的一部分金属材料(统称余量)切除,获得图样所要求的零件。在切削过程中,刀具和工件之间必须有相对的切削运动,因此掌握切削运动、刀具几何角度、切削用量和切削层参数等的基本定义,是学习本课程的基础。本章主要以外圆车削为例来讨论这些问题,但其定义也适于其他切削加工方法。

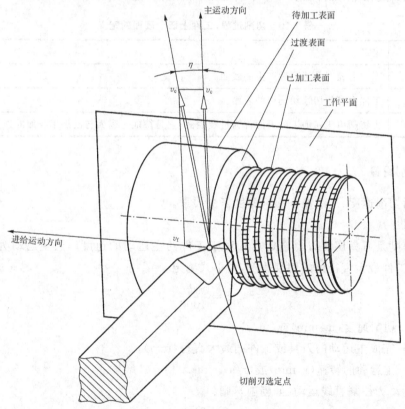

图 1-47　切削运动和工件表面

一、切削运动

金属切削加工时，刀具与工件之间的相对运动称为切削运动。切削运动可分为主运动和进给运动，本节以图 1-47 所示车削外圆为例来研究切削运动。

1. 主运动

主运动是切削时的主要运动。主运动可以由刀具完成，也可以由工件完成，其运动形式通常为旋转运动或直线运动，如车削时工件的旋转运动、铣削时铣刀的旋转运动、钻削时钻头的旋转运动。一般地讲，主运动的速度最高，消耗的功率也最大，主运动只有一个。

2. 进给运动

进给运动是将被切削金属层不断地投入切削，以切除工件表面上全部余量的运动。进给运动可以有一个或几个。进给运动由刀具或工件完成，如车削外圆时车刀平行于工件轴线的纵向运动。其运动形式一般有直线、旋转或两者的合成运动，它可以是连续的或断续的，消耗的功率也比主运动要小得多。

二、工件表面

切削加工过程中，工件上有三个不断变化着的表面，定义如表 1-16 所示。

表 1-16　切削过程，工件上三个表面的定义

表面类型	定义
已加工表面	工件上经刀具切削后产生的表面。
待加工表面	工件上有待切除切削层的表面。
过渡表面	主切削刃正在加工的表面称为过渡表面，它是待加工表面与已加工表面的连接表面。

三、切削用量

它包括切削速度、进给量和切削深度三个要素。

1. 切削速度

切削速度是刀具切削刃上选定点相对于工件的主运动的速度。当主运动为旋转运动时，刀具或工件最大直径处的切削速度，由下式确定：

$$v = \frac{\pi d n}{1000}$$

式中：v ——切削速度（m/min）或（m/s）；

　　d ——完成主运动的刀具或工件的最大直径（mm）；

　　n ——主运动的转速（r/min）或（r/s）。

当主运动为往复直线运动（如刨削），则：

$$v = \frac{2L n_r}{1000}$$

式中：L——往复直线运动的行程速度（mm）；

　　n_r——主运动每秒或每分钟的往复次数（st/min）或（st/s）。

2.进给量 f

进给量是工件或刀具的主运动每转或每一行程时，刀具切削刃相对工件在进给运动方向上的移动量。车削时的进给量是工件每转一转，切削刃沿进给方向的移动量，单位为 mm/r ，其进给速度 v_f 为：

$$v_f = nf$$

式中：v_f ——进给速度(mm/min)或(mm/s)。

对于铣刀、铰刀等多齿刀具，还规定每齿进给量，即多齿刀具每转或每行程中每齿相对于工件在进给运动方向上的相对位移，单位为 mm/z 。

3.切削深度 a_p

切削深度是指待加工表面与已加工表面之间的垂直距离，车削时：

$$a_p = \frac{d_w - d_m}{2}$$

式中：a_p ——切削深度(mm)；

d_w ——工件待加工表面直径(mm)；

d_m ——工件已加工表面直径(mm)。

四、切削层参数

切削时，沿进给运动方向移动一个进给量所切除的金属层称为金属切削层。通过切削刃基点(通常指主切削刃工作长度的中点)并垂直于该点主运动方向的平面，称为切削层尺寸平面。在切削层尺寸平面内测定的切削层尺寸几何参数则称为切削层尺寸平面要素，现将各切削层参数的定义说明如下：

1.切削层公称横截面积 A_D

它是指在给定瞬间，切削层在切削层尺寸平面里的实际横截面积，用图表示，即为图1-48中 $AMCD$ 所包围的面积。

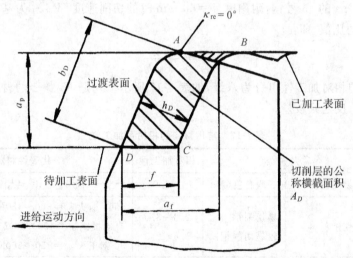

图1-48 车削时的切削层尺寸

切削层公称横截面积 A_D 可按下式计算：

$$A_D = a_p f - A_{ABM} \approx a_p f - b_D h_D$$

其中，A_{ABM} 称为残留面积，它构成了已加工表面理论表面粗糙度的几何基形。

2. 切削层公称宽度 b_D

它是指在给定瞬间，在切削层尺寸平面内，主切削刃截面上两个极限点间的距离，大致反映了主切削刃参加切削工作的长度，对于直线主切削刃有以下近似关系：

$$b_D \approx \frac{a_p}{\sin K_r}$$

3. 切削层公称厚度 h_D

它是指在同一瞬间的切削层横截面积与其公称切削层宽度之比，即：

$$h_D \approx \frac{A_D}{bD}$$

五、工件材料的切削加工性

工件材料的切削加工性是指在一定切削条件下，工件材料被切削的难易程度。具体的加工条件和要求不同，加工的难易程度也有很大差异，因此在不同情况下，要用不同的指标来衡量材料的切削加工性。

衡量切削加工性的指标：

(1)刀具耐用度或在一定耐用度下允许的切削速度。

(2)切削力。

(3)表面粗糙度，或表面质量。

在上述各指标中，目前多采用在一定刀具耐用度下所允许的切削速度，这个指标的含义是当刀具耐用度为某个值时，切削某种材料所允许的切削速度。刀具耐用度越高，说明该材料的切削加工性越好。

为了对各种材料的切削加工性进行比较，用相对加工性 K_r 来表示。它是以切削抗拉强度 $\sigma_b = 0.735 \, \text{Gpa}$ 的 45 号钢，耐用度 $T = 60 \, \text{min}$ 时的切削速度 $(V_{60})_j$ 为基准，和切削其他材料时的 V_{60} 的比值，即：

$$K_r = \frac{V_{60}}{(V_{60})_j}$$

常用材料的相对加工性可分为八级，如表 1-17 所示。凡是 $K_r > 1$ 的材料，其切削加工性比 45 号钢好；反之则较差。

表 1-17　常用材料的相对可加工性

加工等级	名称及种类		相对加工性	代表性材料
1	很容易切削材料	一般有色金属	>3.0	5-5-5 铜铅合金，9-4 铅铜合金，铝镁合金
2	容易切削材料	易切削钢	2.3～3.0	15Cr 退火 $\sigma_b = 380 \sim 450\text{MPa}$
				自动机钢 $\sigma_b = 400 \sim 500\text{MPa}$
3		较易切削钢	1.6～2.5	30 钢正火 $\sigma_b = 450 \sim 560\text{MPa}$
4	普通材料	一般钢及铸铁	1.0～1.6	45 钢、灰铸铁
				20Cr13 调质 $\sigma_b = 850\text{MPa}$
5		稍难切削材料	0.65～1.0	85 钢 $\sigma_b = 900\text{MPa}$

续表

加工等级	名称及种类		相对加工性	代表性材料
6		较难切削材料	0.5～0.65	45钢调质 σ_b=1050MPa
7	难切削材料	难切削材料	0.15～0.5	65Mn调质 σ_b=950～1000MPa
8		很难切削材料	<0.15	50CrV调质,1Cr18Ni9Ti,某些钛合金、铸造镍基高温合金

改善材料切削加工性的主要途径:

(1)选择相应的热处理工艺。

(2)改变材料的力学性能。

(3)调整材料的化学成分。

六、刀具合理几何参数的选择

刀具几何参数除刀具的几何角度外,还包括前刀面的形式和切削刃的形状等。合理几何参数是指在保证加工质量和刀具耐用度的前提下,能满足提高生产率和降低成本的刀具几何参数。

1.前角、前刀面的选择

前角的大小决定着刀具切削刃的锋利程度和刃刃强度,增大前角能使切削变形和摩擦减小、切削轻快、减少功率损耗,还可抑制积屑瘤的产生,有利于提高表面加工质量。但刀具前角过大,会使刀具楔角变小、刀头强度降低、散热条件变差、切削温度升高、刀具磨损加剧、刀具耐用度降低。

前角的选择原则:在保证加工质量和足够的刀具耐用度的前提下,尽量选用大的前角。

刀具前刀面主要有如图1-49所示的几种形式。

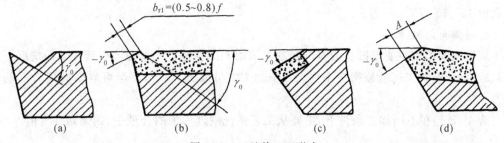

图1-49 刀具前刀面形式

(1)正前角单面型(图1-49(a))。形状简单、制造容易、重磨方便、刃口锋利,但刃口强度低、传热能力差,主要应用于精加工刀具、加工有色金属刀具、复杂成形刀具及加工脆性材料的刀具。

(2)正前角曲面带倒棱型(图1-49(b))。这种形式是在平面带倒棱的基础上,在前刀面上又磨出一个曲面,称为卷屑槽或月牙槽,有利于切屑的卷曲和折断,在刃口处磨出负倒棱,增加了刀具强度,改善了散热条件。

(3)负前角单面型(图1-49(c))。刃口较钝,但强度高。主要用于受冲击载荷的刀具和加工高硬度、高强度材料的刀具。

(4)负前角双面型(图1-49(d))。适用于在前、后刀面同时磨损的刀具上,并可增加重磨次数,有利于延长刀具使用寿命。

2.后角、后刀面形状的选择

后角的作用主要是减小后刀面与过渡表面和已加工表面之间的摩擦,影响楔角的大小,可配合前角调整切削刃的锋利程度和强度。增大后角可以减少摩擦、切削热,使切削轻快。但若后角过大,则刀具强度下降,容易造成崩刃。

后角选择的原则:在不产生较大摩擦的前提下,尽量选取较小的后角。一般粗加工时以确保刀具强度为主,精加工时以保证加工表面质量为主。

为增强切削刃强度,改善散热条件,减少刀具刃磨后刀面的劳动量,提高加工表面质量,常把后刀面磨成双重后面,如图 1-50 所示,其中 $b_{\alpha 1}$ 取 1~3mm。

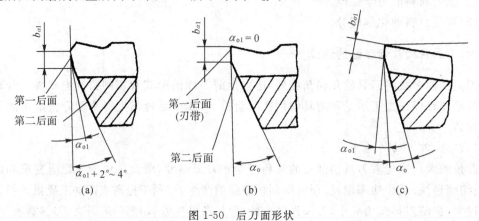

图 1-50 后刀面形状

3.主偏角的选择

主偏角主要影响刀具主切削刃单位长度上的负荷、刀尖强度及散热条件;影响切削分力比值及切削层单位面积切削力;影响断屑效果和排屑方向。一般车刀主偏角针对不同情况分别取 45°、60°、75°、90°等。

4.副偏角的选择

副偏角的作用主要是减少刀具与已加工表面间的摩擦。一般在不引起振动的情况下宜选取较小值,精加工时就取得更小些。如精加工时可取 $K_r' = 5°$,甚至可取副偏角为 0°的修光刀。

表 1-18 是在不同加工条件下,主要从工艺系统刚度考虑的合理主、副偏角参考值。

表 1-18 合理主偏角和副偏角参考值

加工情况	加工冷硬铸铁、高锰钢等高硬度高强度材料,且工艺系统刚度好时	工艺系统刚度较好,加工外圆及端面,能中间切入	工艺系统刚度较差,粗加工、强力切削时	工艺系统刚度差,车台阶轴、细长轴、薄壁件	车断车槽
主偏角	10°~30°	45°	60°~75°	75°~93°	≥90°
副偏角	10°~5°	45°	15°~10°	10°~5°	1°~2°

5.刃倾角的选择

刃倾角主要影响刀具切削刃强度、刀具锋利程度及排屑方向。增大刃倾角可使切削刃更加锋利,切屑变形减小,从而延缓刀具磨损,提高刀具耐用度,但刃倾角过大又会使刀体强度降低,散热不利及造成非正常损坏。

七、切削用量选择的一般原则

合理选择切削用量对于保证加工质量、提高生产效率和降低加工成本有着重要的影响。从金属切除率公式 $Q_z = 1000V_c a_p f$ 看,增大切削用量三要素中任何一个似乎都可以提高生产率,但从刀具寿命与三要素关系式 $T = CT/(v_C^{1/m} f^{1/n} a_p^{1/P})$ 看,三者的影响程度是不同的,v_c 影响最大、f 次之、a_p 最小。在刀具寿命已确定的条件下,欲使 $v_c f a_p$ 三者乘积即金属切除率最大,无疑应首先选择尽量大的背吃刀量 a_p,其次再选择尽量大的进给量 f,最后依据三要素与刀具寿命关系式计算确定切削速度 v_c,这就是选择切削用量的基本原则。但真正合理的切削用量是在综合考虑零件工艺及工艺系统状态后并细心体察,经逐步探索改善才能获得的。

八、切削用量的选择方法

1.粗加工切削用量选择

粗加工切削用量,一般以提高生产率为主,兼顾加工成本。

(1)确定背吃刀量 a_p:背吃刀量 a_p 根据工序余量来确定。除留给以后工序的余量外,其余的粗加工余量尽可能一次切除,以使走刀次数最少。但如因加工余量太大,一次走刀切除会使切削力太大,机床功率不足,刀具强度不够或产生振动,可将加工余量分两次或多次切完。这时也应将第一次走刀的背吃刀量取得尽量大些,其后的背吃刀量取得相对小些。

(2)确定进给量 f:粗加工时,在工艺系统强度和刚度允许的情况下应选择较大的进给量,一般取 $f = 0.3 \sim 0.9$ mm/r。实际生产中,可利用"切削用量手册"等资料查出进给量的数值,其部分内容摘列于表 1-19。

表 1-19 硬质合金车刀粗车个圆和端面时进给量的参考值

工件材料	车刀刀柄尺寸 B/mm × H/mm	工件直径 d_w/mm	背吃刀量 a_p/mm				
			≤3	>3~5	>5~8	>8~12	>12
			进给量 f/(mm/r)				
碳素结构钢、合金结构钢及耐热钢	16×25	20	0.3~0.4	—	—	—	—
		40	0.4~0.5	0.3~0.4	—	—	—
		60	0.5~0.7	0.4~0.6	0.3~0.5	—	—
		100	0.6~0.9	0.5~0.7	0.5~0.6	0.4~0.5	—
		400	0.8~1.2	0.7~1.0	0.6~0.8	0.5~0.6	—
	20×30 25×25	20	0.3~0.4	—	—	—	—
		40	0.4~0.5	0.3~0.4	—	—	—
		60	0.6~0.9	0.5~0.7	0.4~0.6	—	—
		100	0.8~1.2	0.7~1.0	0.5~0.7	0.4~0.7	—
		600	1.2~1.4	1.0~1.2	0.8~1.0	0.6~0.9	—

续表

工件材料	车刀刀柄尺寸 B/mm $\times$ H/mm	工件直径 d_w/mm	背吃刀量 a_p/mm				
			$\leqslant 3$	$>3\sim5$	$>5\sim8$	$>8\sim12$	>12
			进给量 f/(mm/r)				
铸铁及铜合金	16×25	40	0.4~0.5	—	—	—	—
		60	0.6~0.8	0.5~0.7	0.4~0.6	—	—
		100	0.8~1.2	0.7~1.0	0.6~0.8	0.5~0.7	—
		400	1.0~1.4	1.0~1.2	0.8~1.0	0.6~0.8	—
	20×3025×25	40	0.4~0.5	—	—	—	—
		60	0.6~0.9	0.5~0.7	0.4~0.6	—	—
		100	0.9~1.3	0.8~1.0	0.6~0.8	0.5~0.8	—
		600	1.2~1.8	1.2~1.3	0.8~1.0	0.9~1.1	—

(3)确定切削速度 v_c：在背吃刀量和进给量选定后，可根据合理的刀具耐用度，用计算法或查表法选择切削速度。粗加工时，由于切削力一般较大，切削速度主要受机床功率的限制。切削速度的具体数值，可从"切削用量手册"等资料中查出，其部分内容摘列于表 1-20。

表 1-20　硬质合金外圆车刀切削速度的参考值

工件材料	热处理状态或硬度	$a_p=0.3\sim2$mm $f=0.08\sim0.3$nn/r	$a_p=2\sim6$mm $f=0.3\sim0.6$mm/r	$a_p6\sim10$mm $f=0.6\sim1$mm/r
		V_c/(m/min)		
中碳钢	热轧调质	130~160 100~130	90~110 70~90	60~80 50~70
合金结构钢	热轧调质	100~130、80~110	70~90 50~70	50~70 40~60
灰铸铁	190HBS 以下、190 ~225HBS	100~130 80~110	60~80 50~70	50~70 40~60
铜及铜合金 铝及铝合金		200~250 300~600	120~180 200~400	90~120 150~300

2.半精、精加工切削用量选择

半精、精加工切削用量，在首先保证加工质量的前提下，考虑其经济性。

(1)确定背吃刀量 a_p：半精加工的余量较小，约在 $1\sim2$mm；精加工则更小，约在 $0.05\sim0.80$mm。在半精、精加工时，应在一次进给中切除工序余量。

(2)确定进给量 f：半精加工和精加工的值较小，产生的切削力不大，故进给量 f 主要受到表面粗糙度的限制，一般选得较小，常取 $=0.08\sim0.50$mm/r。其值可由表 1-21 选取。

表 1-21　按表面粗糙度选择进给量的参考值

工件材料	表面粗糙度 R_a	切削速度范围 v_c/(m/min)	切削速度范围 v_c/(m/min)		
			0.5	1.0	2.0
			进给量 f/(mm/r)		
铸铁、青铜、铝合金	6.3	不限	0.25～0.40	0.40～0.50	0.50～0.60
	3.2		0.15～0.25	0.25～0.40	0.40～0.60
	1.6		0.10～0.15	0.15～0.20	0.20～0.35
	6.3	＜50	0.30～0.50	0.45～0.60	0.55～0.70
		＞50	0.40～0.55	0.55～0.65	0.65～0.70
碳钢及合金钢	3.2	＜50	0.18～0.25	0.25～0.30	0.30～0.40
		＞50	0.25～0.30	0.30～0.35	0.35～0.50
	1.6	＜50	0.10	0.11～0.15	0.15～0.22
		50～100	0.11～0.16	0.16～0.25	0.25～0.35
		＞100	0.16～0.20	0.20～0.25	0.25～0.35

(3)确定切削速度 v_c：切削速度的值主要受刀具寿命和已加工表面质量的限制。通常按已选定的 a_p、f 和已知的 T，利用算出切削速度。

$$v_c = \frac{C_v}{60 T^m a_p^{x_v} f^{y_v}} K_{vc}$$

式中：系数 C_v 和指数 m、x_v、y_v 及修正系数 K_{vc} 可查阅有关手册。

再算出工件转速 n，用机床说明书选取近似小的机床主轴转速 n_s，最后确定实际切削速度。

第6节　车削过程分析

6.1　金属切削过程的变形区

实验表明，金属的切削过程实质上是被切削金属层在刀具前刀面挤压作用下产生剪切滑移的塑性变形过程。

通常把切削过程的塑性变形划分为三个变形区，如图 1-51 所示。

一、第Ⅰ变形区

切削刃前方的变形区。被切削金属层在刀具前面的挤压作用下，即沿图 1-51 中的 OA 曲线发生剪切滑移，直至 OM 曲线滑移终止，被切削金属层与材料母体脱离而成为切屑沿刀具前面流出。曲线 $OAMO$ 所包围的区域就称为第Ⅰ变形区（又称剪切滑移区）。它是金属切削过程中主要的变形区，消耗大部分功率并产生大量的切削热，常用它来说明切削过程的变化情况。

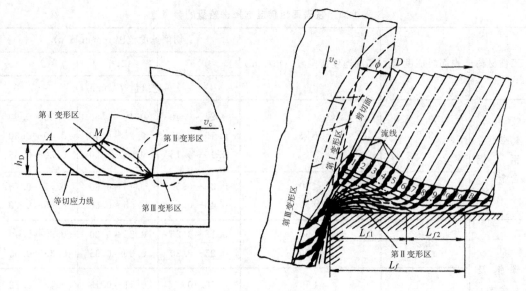

图 1-51 三个变形区

二、第Ⅱ变形区

与刀具前刀面接触的切屑底层变形区。切屑沿前刀面滑移排出时紧贴前刀面的底层金属进一步受到前刀面的挤压阻滞和摩擦,再次产生剪切滑移变形而纤维化。由于受前刀面的挤压和摩擦,该区域金属流动速度较上层略缓,甚至会滞留在前刀面上,形成积屑瘤。

三、第Ⅲ变形区

第Ⅲ变形区是指工件过渡表面和已加工表面金属层受切削刃钝圆部分和刀具后刀面的挤压和摩擦产生塑性变形的区域,造成表层金属的纤维化和加工硬化。该区的挤压和摩擦状况与工件已加工表面质量密切相关。

以上分别讨论了三个变形区各自的特征,但是三个变形区之间是互相联系又互相影响的。金属切削过程中的许多物理现象都和三个变形区的变形密切相关。

6.2 切屑种类

常见的切屑有四种,如图 1-52 所示。

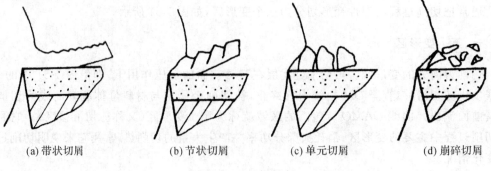

(a) 带状切屑   (b) 节状切屑   (c) 单元切屑   (d) 崩碎切屑

图 1-52 切屑形态

一、带状切屑

这是一种最常见的连续状切屑。其底面光滑,上表面呈毛茸状。一般切削塑性较好的金属材料,采用较大的前角、较高的切削速度、较小的进给量和吃刀深度时,容易形成带状切屑,如图 1-52(a)所示。形成带状切屑时,切削力比较稳定,加工表面比较光洁,但切屑连续不断,会缠绕在刀具或工件上,不够安全并可能划伤已加工表面,因此要注意采取断屑措施。

二、节状切屑

这类切屑的上表面呈锯齿状,底面有时出现裂纹,如图 1-52(b)所示。一般在采用较低的切削速度和较大的进给量粗加工中等硬度的钢材时,容易得到节状切屑。由于形成这类切屑时变形较大,切削力波动较大,因此工件表面比较粗糙。

三、单元切屑(又称粒状切屑)

切削塑性很大的材料时(如铅、退火铝、紫铜等),切屑易黏在刀具的前刀面上,不易流出,裂纹扩展到整个剪切面上,使整个单元被切断,而形成此类切屑,如图 1-52(c)所示。当出现这类切屑时,切削力波动很大,切削过程不平稳,已加工表面的粗糙度值增加。

四、崩碎切屑

在切削脆性金属材料(如铸铁、黄铜等)时,由于材料的塑性很小,切削层金属崩碎而成为不规则的切屑,即为崩碎切屑,如图 1-52(d)所示。工件材料越硬,切削层公称厚度越大就越容易形成崩碎切屑,这时的切削力变化较大。同时,由于刀具与切屑之间接触长度短,切削力和切削热都主要集中在主切削刃和刀尖附近,刀尖容易磨损并易产生振动,影响表面质量。

前三种类型的切屑,一般是在切削塑性金属材料时产生的,在形成节状切屑条件下,减小刀具前角或增大切削层公称厚度,并采用很低的切削速度可形成单元切屑;反之增大刀具前角、提高切削速度、减小切削层公称厚度则可形成带状切屑,使加工表面较为光洁。也就是说,切屑的形态是可以随切削条件的不同而转化的。在生产中,常根据具体情况采取不同的措施来得到需要的切屑,以保证切削加工的顺利进行。

6.3 切削力

在金属切削加工时,工件材料抵抗刀具切削所产生的阻力称为切削力。切削时作用在刀具上的力主要来自两个方面:克服被加工材料对前、后刀面弹性、塑性变形的抗力和克服切屑、工件与前、后刀面间的摩擦力。

外圆车削时总切削力可分解为:主切削力、进给力和背向力,如图 1-53 所示。

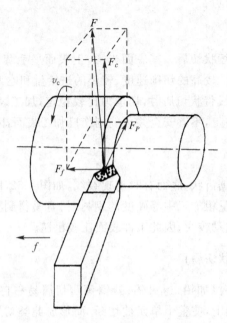

图 1-53　外圆车削时总切削力的分解

一、主切削力（切向力）

总切削力在主运动方向上的分力，它与切削速度方向一致，大小约占总切削力的，80％～90％。是计算机床动力、主传动系统零件和刀具强度及刚度的主要依据。

二、进给力（轴向力）

总切削力在进给运动方向上的分力，是设计和验算机床进给机构的原始数据。进给力也做功，但只占总功率的 1％～5％。

三、背向力（径向力）

总切削力在吃刀深度方向上的分力，它一般作用在工件刚性系统较弱的方向上，容易使工件弯曲变形，对工件精度影响较大，且 F_p 大时易产生振动。

由于 F_c、F_f、F_p 三者互相垂直，所以总切削力与它们之间的关系为：

$$F = \sqrt{F_c^2 + F_p^2 + F_f^2}$$

四、切削力经验公式

目前在生产实际中切削力的计算公式可分为两类：一类是指数公式，一类是按单位切削力进行计算的公式，现分述如下：

1. 计算切削力的指数公式

主切削力的实验公式：

$$F_c = C_{F_c} a_p^{X_{F_c}} f^{Y_{F_c}} K_{F_c}$$

式中：

X_{F_c}——吃刀深度对切削力的影响指数；

Y_{Fc}——进给量对切削力的影响指数；

K_{Fc}——实际切削条件与实验条件不同时的总修正系数，它是各项条件修正系数的乘积；

C_{Fc}——在一定切削条件下与工件材料有关的系数。

同样，分力 F_p、F_f 等也可写成上式的形式，但一般多根据进行估算。当 $\kappa_r = 45°$、$\lambda_s = 0°$、$\gamma_0 = 15°$ 时，有以下近似关系：

$$F_p = (0.4 \sim 0.5) F_c$$
$$F_f = (0.3 \sim 0.4) F_c$$

2.用单位切削力估算切削力的方法

所谓单位切削力，就是指切削单位面积所需要的切削力，用 K_c 表示，单位 Mpa（即 N/mm^2）：

$$F_c = K_c a_p f$$

五、切削热

金属切削中所消耗的功绝大部分（98%～99%）转换为热能，称之为切削热。切削热来自三个变形区域，如图 1-54 所示。

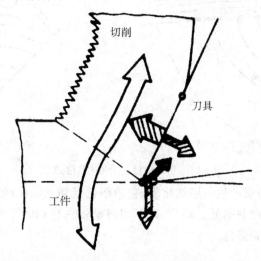

图 1-54　切削热的来源与传散

随着刀具材料、工件材料、切削条件的不同，三个热源的发热量亦不相同。第一变形区（剪切区）产生的热量最多，约占 70%～80%，第二变形区产生的热量约占 20%～30%。刀具后刀面与过渡表面和已加工表面的摩擦产生的热量较小，但是当刀具磨钝后产生的摩擦热将急剧增加。

切削热产生以后，由切屑、工件、刀具及周围的介质（如空气等）传播出去。各部分传热的比例取决于工件材料、切削速度、刀具材料及刀具几何形状等。实验显示，车削时的切削热主要是由切屑传出的。传入切屑及周围介质的热量对加工没有影响，越多越好。传入刀具的热量虽不是很多，但由于刀头体积小，特别是在高速切削时，切屑与前刀面发生连续且强烈的摩擦，因此刀头上局部的温度最高可达 1000℃ 以上，使刀头材料软化，加速磨损，缩短刀具使用寿命，影响加工质量。传入工件的热量，可能使工件变形，产生形状和尺寸误差，对于细长轴及薄壁零件的影响尤为显著。

六、切削温度

切削热是通过切削温度对工件和刀具产生作用的。通常所说的切削温度,是指刀具前刀面与切屑接触区的平均温度,该区域温度的高低既取决于单位时间内切削热量产生的多少,又与单位时间传散出去热量的多少有关。研究切削温度的目的在于设法控制刀具上的最高温度,以延长刀具的使用寿命。

图1-55(a)所示为某切削条件时用人工热电偶法测得的温度分布场,可知切削温度分布极不均匀,切屑中底层温度最高,刀具中靠近切削刃处(约1mm)温度最高,工件中切削刃附近温度最高。图1-55(b)所示为刀具前刀面上的切削温度分布图。

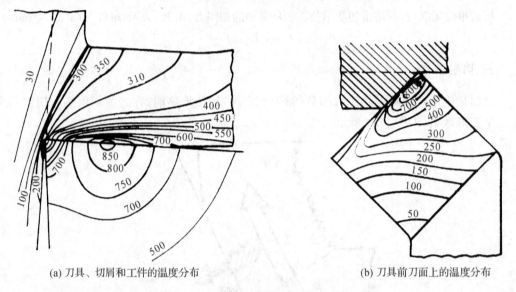

(a) 刀具、切屑和工件的温度分布   (b) 刀具前刀面上的温度分布

图1-55 切削温度的分布(单位:℃)

切削钢料时,切屑表层产生一层氧化膜,它的颜色随切削温度的高低而变化,可从切屑的颜色大致判断切削温度的高低。300℃以下切屑呈银白色;400℃左右呈黄色;500℃左右呈深蓝色;600℃左右呈紫黑色。

七、影响切削温度的因素

1.工件材料的影响

工件材料的强度和硬度愈高,切削力愈大,产生的热量多,切削温度自然升高更多。此外,工件材料的热导率越低,散给切屑和工件本体的热量越少,而传给刀具的热量就越多,切削温度也就越高。

2.切削用量的影响

切削用量对切削温度的影响规律是:切削用量增加,切削温度增高。切削速度对切削温度影响最大;进给量次之;吃刀深度影响最小。这是因为切削速度增大后,切屑与刀具接触面积以相同比例增大,散热条件改善明显;进给量增大后,使切屑与刀具前刀面接触长度增加,散热条件也有所改善;吃力深度增大后,刀具前、后刀面与切屑、工件之间的摩擦工件之间的摩擦剧增,切屑与前刀面接触长度减小且时间减少,故散热状况较差。

3.刀具几何参数的影响

刀具前角增大时刀—屑界面的摩擦减轻,滞流层的应变和应变速度都减小,故产生的热量减小,切削温度降低。切削碳钢时,当前角从10°增至18°时,切削温度约下降15%。但若继续增大前角时效果不明显,甚至会因刀具楔角过小导致散热条件变差而出现切削温度反弹现象。

刀具主偏角的改变是通过切削层公称厚度和切削层公称宽度的改变而影响切削温度的。主偏角增大时,厚度减小,宽度增大,单位长度上作用在主切削刃上的负荷增加,同时刀尖角相应减小,导致刀尖的散热条件变差,使切削温度升高,甚至会产生局部高温,加剧刀具的磨损。

刀尖圆弧半径增大,切削刃上的平均主偏角减小,切削温度降低。

4.其他因素的影响

后刀面的磨损对切削温度有重要影响。没有磨损的新刀具,主后刀面与过渡表面的接触长度通常为刀—屑接触长度的以下,其摩擦功在整个切削功中所占比例较小。但当磨损量达到一定值后,摩擦功增大较快,切削温度升高迅速,摩擦速度就是切削速度,是刀—屑界面摩擦速度的2~5倍。

八、切削液

(一)切削液的作用

在金属切削过程中,需要正确使用切削液。切削液具有以下作用:

1.冷却作用

使用切削液能降低切削温度,从而提高刀具使用寿命和加工质量。在切削速度高,刀具、工件材料导热性差热膨胀系数较大的情况下,切削液的冷却作用尤显重要。

2.润滑作用

金属切削加工时,切屑、工件和刀具表面的摩擦可以分为干摩擦、流体润滑摩擦和边界润滑摩擦三类。不加切削液时,切削时就是金属与金属接触的干摩擦,摩擦系数最大。

3.清洗作用

切削液能冲刷掉切削中产生的碎屑或磨粉,避免划伤已加工表面和机床导轨。清洗性能的好坏,与切削液的渗透性、流动性和使用的压力有关。切削液的清洗作用对于磨削精密加工和自动线加工十分重要,深孔加工时,常常利用高压切削液来进行排屑。

4.防锈作用

为减少工件、机床、刀具的腐蚀,要求切削液具有一定的防锈作用。其防锈作用的好坏,取决于切削液本身的性能和加入的防锈添加剂的性质。

(二)切削液的种类及选用

1.水溶液

主要成分为水同时加入防锈剂和添加剂,使其既有良好的冷却、防锈性能,又有一定的润滑作用,适合于磨削加工。

2.乳化液

主要成分为水(95%~98%),加入适量的矿物油、乳化剂和其他添加剂配制而成的乳白色切削液。低浓度乳化液主要起冷却作用,高浓度乳化液主要起润滑作用。乳化液主要用于车削、钻削、攻螺纹。

3.切削油

主要成分是矿物油(机油、轻柴油、煤油),少数采用动植物油(豆油、菜油、蓖麻油、棉子油、猪油、鲸油)等。切削油一般用于滚齿、插齿、铣削、车螺纹及一般材料的精加工。

机油用于普通车削、攻螺纹;煤油或与矿物油的混合油用于精加工有色金属和铸铁;煤油或与机油的混合油用于普通孔或深孔精加工;蓖麻油或豆油也用于螺纹加工;轻柴油用于自动机床上,做自身润滑液和切削液用。

第7节　车削加工定位基准的选择

零件进行机械加工之前,为了保证加工表面的尺寸精度和相互位置精度的要求,便于合理安排加工顺序,必须正确选择定位基准。这是因为在加工阶段开始,前道工序必须为后续工序提供好定位基准面。对于轴类零件而言,其定位基准面的选择,通常有如下几类:

一、采用两中心孔

这是最常用的一种方式。因为轴类零件各外圆表面、锥孔、螺纹表面的同轴度以及端面对主轴轴线的垂直度是其相互位置精度的主要项目,而这些表面设计基准一般都是轴的中心线。轴的中心线具体表现形式是两端面的中心孔,采用两中心孔定位,符合基准重合这一基本定位原则,而且采用中心孔定位,能够最大限度地在一次安装中加工出多个外圆和端面,完成多道工序的切削加工,符合基准统一原则。所以,应尽可能采用中心孔作为轴类零件加工的定位基准面。

二、采用外圆表面

当加工较粗、较长的轴类零件,或为了在粗加工阶段实现强力切削,通常采用轴的外圆表面作为定位基准面,或以外圆和中心孔同时作为定位基准面,其目的是为了提高工件刚度和加工生产率。

三、采用锥堵或锥堵心轴

当工件为通孔轴类零件时,工艺上采用带有中心孔的锥堵(闷头)或锥堵心轴定位,如图1-56所示。当轴孔的锥度比较小时,(如某车床的主轴锥孔分别为1:20和莫氏6号锥度),可使用锥堵;当锥孔的锥度较大或圆柱孔时,则用带锥堵的锥堵心轴。

锥堵在使用过程中,要保持较高的精度,才可保证工件的加工质量,其次应尽量减少锥堵安装次数,因工件锥孔与锥堵上锥角不可能完全一致,重新安装势必导致安装误差。

四、采用装配基准面

在磨主轴锥孔时,为了保证锥孔与前、后支承轴颈的同轴度,选用装配基准面的前、后支承轴颈作为定位基准面,同时又实现基准重合,如图1-57所示。但如果某些主轴的前、后支承轴颈是圆锥表面不便于定位时,宜选择与前、后支承轴颈靠近且与支承轴颈有高同轴度要求的两轴颈作为辅助定位基准面,这样也可保证锥孔与前、后支承轴颈的同轴度要求。

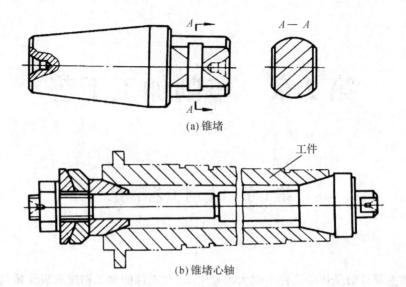

(a) 锥堵

(b) 锥堵心轴

图 1-56　锥堵与锥堵心轴

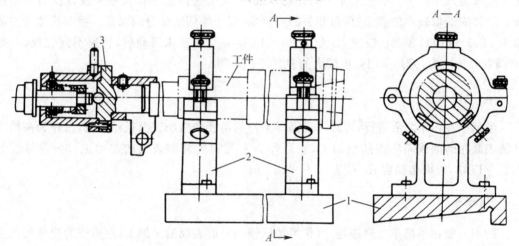

1—底座　2—支架　3—浮动夹具

图 1-57　磨主轴锥孔夹具

第2章 车削加工工艺

第1节 车削工艺精度

一、粗车

粗车的主要目的是切除工件上的大部分余量,对工件的加工精度和表面质量要求不高,为了提高劳动生产率。一般采用大的背吃刀量,较大的进给量 f 以及中等或较低的切削速度。车刀应选取较小的前角、后角和负的刃倾角,以增强切削部分的强度。粗车尺寸公差等级为 IT13~IT11,表面粗糙度 Ra 值为 $25\sim12.5\mu m$。在车床启动后,转速不宜过快,一般 300 转/分钟左右,刀具采用强度较大的刀具进行车削。

二、半精车

半精车在粗车之后进行,可进一步提高工件的精度和减小表面粗糙度值,常作为高精度外圆表面在磨削或箱车前的预加工,它可作为中等精度外圆表面的终加工。公差等级为 IT13~IT11,表面粗糙度 Ra 值为 $6.3\sim3.2\mu m$。

三、精车

精车一般在半精车之后进行,可作为精度较高外圆表面的终加工,也可作为光整加工前的预加工。精车采用很小的背吃刀量和进给量,低速或高速车削。低速精车一般采用高速钢车刀,高速精车采用硬质合金车刀。车刀应选取较大的前角、后角和正的刃倾角,刀尖要磨出圆弧过渡刃,前刀面和主后刀面需用油石磨光,使表面粗糙度 Ra 值达到 $0.1\mu m$ 左右。精车尺寸公差等级为 IT6~IT8,表面粗糙度值为 $1.6\sim0.8\mu m$。一般采用高速车削 C6140A 车床,最高速度 980 转/分钟,刀具选择较锋利的刀具进行车削。

车削加工如图 2-1 所示。各种加工工艺所能达到的经济精度和表面粗糙度值,以及各种典型的加工方法见表 2-1 所示。

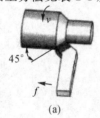
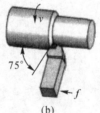

图 2-1　车削加工

表 2-1　外圆柱面的车削方法

序号	加工方法	公差等级	粗糙度 Ra(um)	适用范围
1	粗车	IT13～IT11	50～12.5	适用于淬火钢以外的各种金属
2	粗车→半精车	IT10～IT8	6.3～3.2	
3	粗车→半精车→精车	IT8～IT71	1.6～0.8	
4	粗车→半精车→精车→精细车	IT7～IT6	0.4～0.025	主要用于要求较高的有色金属加工

第 2 节　外圆车削方法

一、外圆车刀结构

车刀的几何角度、刃磨质量以及采用的切削用量不同,车削的精度和表面粗糙度 Ra 的值也就不同,外圆车削可分为粗车、半精车和精车。

二、外圆车刀的安装

1. 外圆车刀的装夹

在卡盘上装夹前顶尖,把 90°车刀装夹在车床刀架上,刀尖必须对准顶尖及工件的旋转中心,否则在车外圆时刀尖高于工件旋转中心会使车刀的实际后角减小,切削阻力增大,刀尖伸出长度为杆厚度 1～2 倍。

2. 切断刀的装夹

切断刀安装时应垂直于工件中心线,以保证车削质量。安装时切断刀不宜伸出过长,同时切断刀的中心线必须与中心线垂直,以保证两个副偏角对称。切断实心工件时切断刀易折断,其底平面应平整,以保证两副后角对称。

三、外圆的车削步骤

车削轴类零件外圆表面的大致工艺顺序为:荒车→粗车→半精车→精车→精细车。如图 2-2 所示在加工具体件时,则要根据零件精度要求来选择加工工序,不一定要经过全部的加工阶段。

(1)把工件和车刀安装合理,正确后便可开动车床,使工件旋转。

(2)摇动大拖板,中拖板手柄使车刀刀尖将接触工件右端外圆表面。

(3)不动中拖板受柄,摇动大拖板使车刀向尾座方向移动。

(4)按选定的吃刀深度,摇动中拖板使车刀作横向进刀。

(5)纵向车削工件 3～5mm,摇动中拖板手柄,纵向退出车刀,停车测量工件。

(6)在车削到需要长度时,即停止走刀,然后停车。

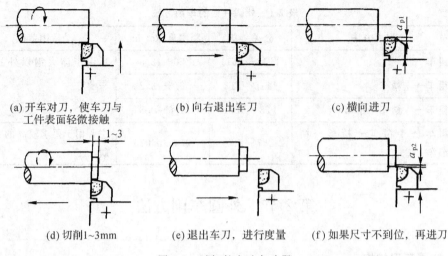

(a) 开车对刀，使车刀与
工件表面轻微接触

(b) 向右退出车刀

(c) 横向进刀

(d) 切削1~3mm

(e) 退出车刀，进行度量

(f) 如果尺寸不到位，再进刀

图 2-2　试切的方法与步骤

四、外圆面检验

外圆表面的加工，一方面要保证零件图上要求的尺寸精度和表面粗糙度，另一方面还应保证形状和位置精度的要求。检查时，可采用钢尺、游标卡尺、千分尺或百分表等工具。

1. 用游标卡尺测外径

测量前，使卡口宽度大于被测量尺寸，然后推动游标，使测量脚平面与被测量的直径垂直并接触，得到尺寸后把游标上的螺钉紧固，最后读数，如图 2-3 所示。

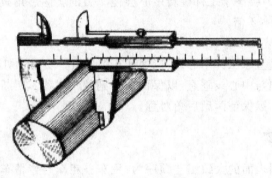

图 2-3　测量外径的方法

2. 用千分尺测外径

测量时，工件放置于两测量面间，先直接转动微分筒。当测量面接近工件时，改用测力装置，直到发出"卡、卡"的跳动声音，此时，应锁紧测微螺杆，进行读尺。

用千分尺测量小零件的测量方法如图 2-4(a) 所示。

测量精密的零件时，为了防止千分尺受热变形，影响测量精度，可将千分尺装在固定架上测量，如图 2-4(b) 所示。

在车床上测量工件，必须先停车，测量方法见图 2-4(c)。

在车床上测量大直径工件时，千分尺两个测量头应在水平位置上，并要求垂直于工件轴线。测量时，左手握住尺架，右手转动测力装置，靠千分尺的自重在工件直径方向找出最大尺寸，见图 2-4(d)。

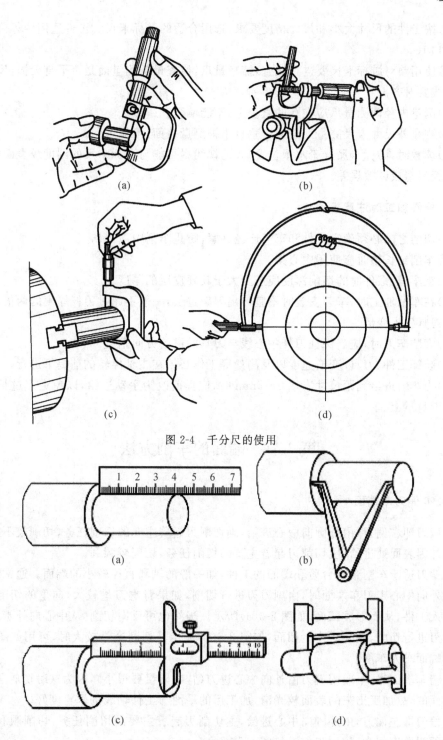

图 2-4　千分尺的使用

图 2-5　外圆长度尺寸检测

3. 外圆长度尺寸的检测

外圆加工结束后，一般使用钢直尺、内卡钳、游标卡尺和深度游标卡尺来测量长度，对于批量大精度较高的工件可用样板测量，如图 2-5 所示。

在检测时应注意以下几点：

（1）按工件的尺寸大小和尺寸精度要求，选用合适的游标卡尺。工件适用中等公差等级IT10～IT16。

（2）使用前对游标卡尺要进行检查，擦净量爪，检查量爪测量面是否平直无损，尺身和游标的零线要对齐。

（3）测量内径两测量爪应在孔的直径上，不能偏歪。

（4）测量外尺寸卡尺测量面连线应垂直于被测量表面，不能歪斜。

（5）读数时，游标卡尺置于水平位置，人的视线尽可能与游标卡尺的刻度线表面垂直，以免视线歪斜造成读数误差。

五、外圆加工时注意事项

（1）切削之前必须确定工件和车刀已经夹紧，防止车削中飞出伤人。

（2）车削细长轴时应使用中心架。

（3）粗车铸、锻件时的切削深度应至少大于其硬皮层的厚度。

（4）在车削加工时，车刀安装时不宜伸出刀架过长，一般不超过刀杆厚度的两倍，否则容易导致刀具发生变形。

（5）安装车刀时，应当保证刀杆中心线与刀具的进给方向垂直。

（6）装卸工件、刀具，变换速度以及测量等工作必须在主轴停转的前提下进行。

（7）当车刀进给到距尺寸末端3～5mm时，应提前改为手动进给，以免走刀过长或将车刀碰到卡盘爪上。

第3节　端面的车削方法

一、90°偏刀车端面

正偏刀即右偏刀，由外圆向中心进给，副切削刃起着主要的切削任务，切削较不顺利；由中心向外因表面处进给，主切削刃起着主要的切削任务，切削较顺利。

右偏刀适于车削带有台阶和端面的工件，如一般的轴和直径较小的端面。通常情况下，偏刀由外向中心走刀车端面时，由副刀刃进行切削，如果背吃刀量较大，向里的切削力会使车刀扎入工件，从而形成凹面，如图2-6(a)所示。当然也可反向切削，从中心向外走刀，利用主切削刃进行切削，则不易产生凹面，如图2-6(b)所示。切削余量较大时，可用如图2-6(c)所示的端面车刀车削。

在精车端面时，一般用偏刀由外向中心进刀（背吃刀量要很小），因为这时切屑是流向待加工表面的，故加工出来的表面较光滑，加工后的平面与工件轴线的垂直度好。

反偏刀即左偏刀，由外围向中心进给，主切削刃起着主要的切削任务，切削顺利。加工后的表面粗糙度较小，该加工方法如图2-7所示。

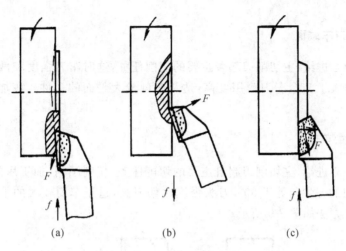

(a)　　　　　　　(b)　　　　　　　(c)

图 2-6　90°偏刀车端面

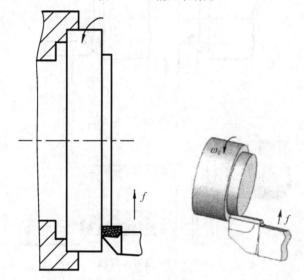

图 2-7　90°反偏刀车端面

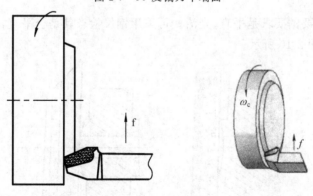

图 2-8　75°偏刀车端面

二、75°反偏刀车端面

由外圆向中心进给,主切削刃起着主要的切削任务,这时车刀强度和散热条件好,同时左车刀的刀尖角大于90°,车刀耐用度高,适于车削较大平面的工件。该加工方法如图2-8所示。

三、45°偏刀车平面

由外圆向中心进给,主切削刃起着主要的切削任务,切削顺利,加工后的表面粗糙度较小,而且45°车刀的刀尖角等于90°,刀头强度比偏刀高,适于车削较大的平面,并能倒角和车外圆。该加工方法如图2-9所示。

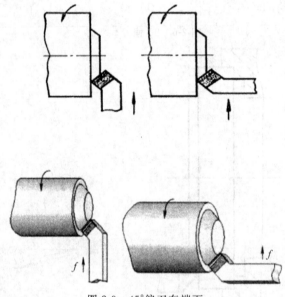

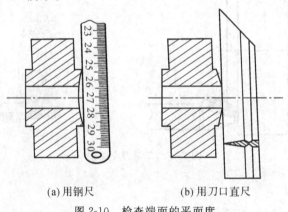

图 2-9　45°偏刀车端面

四、端面的检验

端面加工最主要的要求是平直、光洁。可采用钢尺检查其是否平直,严格时则用刀口直尺作透光检查,如图2-10所示。

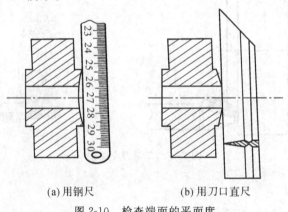

(a) 用钢尺　　　　　　　　(b) 用刀口直尺

图 2-10　检查端面的平面度

第4节　孔的加工方法

4.1　孔的分类

内圆表面主要指圆柱形的孔,由于受孔本身直径尺寸的限制,刀具刚性差、排屑、散热、冷却、润滑都比较困难,因此一般加工条件比外圆差。但另一方面孔可以采用固定尺寸刀具加工,故孔的加工与外圆表面相比较有大的区别。孔的技术要求包括:尺寸精度(孔径、孔深)、形状精度(圆度、直线度、圆柱度)、位置精度(同轴度、平行度、垂直度)及表面粗糙度等。

孔是盘套类、支架、箱体类零件的主要组成表面,其主要技术与外圆表面基本相同。但是,孔的加工难度较大,要达到与外圆表面同样的技术要求需要更多的加工工序。在工件上进行孔加工的基本方法有钻削、镗、磨等。

孔的加工方法的选择与孔的类型及结构特点有密切的关系。

按用途可分为:

(1)非配合孔。如螺钉孔、螺纹孔的底孔、油孔、气孔、减轻孔等。这类孔一般要求加工精度较低,在 IT12 以下。表面质量要求也不高,表面粗糙度 Ra 值大于 $10\mu m$。

(2)配合孔。如套、盘类零件中心部的孔,箱体、支座类零件上的轴承孔都有要求较高的加工精度(IT7 以上)和较高的表面质量($Ra<1.6\mu m$)。

按结构特点可分为通孔、盲孔;大孔、中小孔;光孔、台阶孔;深孔、一般深度孔等。

4.2　钻孔的方法

一、钻孔加工

钻孔通常在钻床、车床、镗床上进行。车床一般钻回转体类中心部位的孔,镗床钻箱体零件上的配合孔系,钻后进行镗孔,除此以外的孔大都在钻床上加工。钻孔特点如下:横刃前角为负值,主切削刃愈接近芯部前角愈小,且两刃不易磨得对称,排屑槽深,刚性差。切削条件差,如切削深度大(a_p 等于钻头直径一半),散热条件差,排屑困难,易划伤已加工表面,刀具易磨损等。因此,钻孔只能达到较低的加工精度(IT10～13),并且有较高的表面粗糙度(Ra 值为 $5～80\mu m$)。由于受到机床动力和刀具强度的限制,钻头直径不能太大,通常在75mm 以下,故钻孔只能加工精度要求低的中小直径尺寸的孔。

钻孔与切削外圆相比,工作条件要复杂得多。因为钻孔时,钻头工作部分大都处在已加工表面的包围中,因而会引起一些特殊问题。例如钻头的刚度、热硬性、强度等,以及在加工过程中的容屑、排屑、导向和冷却润滑等问题。为避免在钻削力的作用下,刚性很差且导向性不好的钻头产生弯曲,致使钻出的孔产生"引偏",降低孔的加工精度,甚至造成废品,使加工过程不能顺利进行,在实际加工中,可采用如下加工方法:

(1)预钻锥形定心坑,如图 2-11 所示。首先,用小顶角大直径的短麻花钻,预先钻一个锥形坑,然后再用所需的钻头钻孔。由于预钻时钻头刚性好,锥形坑不易偏,再用所需的钻头钻孔时,这个坑就可以起定心作用。

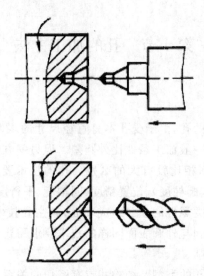

图 2-11　预钻定心孔

（2）用较长钻头钻孔时，为了防止钻头跳动，可以在刀架上夹一铜棒或挡铁，支住钻头头部（不能用力太大），使它对准工件的回转中心，然后缓慢进给。当钻头在工件上已正确定心，并钻出一段阶台孔以后，把铜棒退出，如图2-12所示。

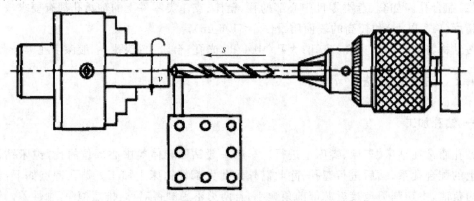

图 2-12　用较长钻头钻孔

（3）当钻了一段以后，应把钻头退出，停车测量孔径，以防孔径扩大工件报废。

（4）钻较深的孔时，切屑不易排出，必须经常退出钻头，清除切屑。特别是用接长的钻头钻孔时，如孔深超过螺旋槽长度，切屑排不出，稍不注意切屑就会挤满螺旋槽而使钻头"咬死"在工件内，甚至把折断钻头。如果内孔很长并且是通孔，可以采用调头钻孔，即钻到大于工件长度的1/2以后，招工件调头装夹校正后再钻孔，直至钻通，这样可以减少孔的偏斜。

（5）当钻头将要把孔钻穿时，因为钻头横刃不再参加工作，阻力大大减小，进刀时就会觉得手轮摇起来很轻松。这时走刀量必须减小，否则会使钻头的切削刃"咬"在工件孔内，损坏钻头，或者使钻头的锥柄在尾座锥孔内打转，把锥柄和锥孔咬毛。

（6）当钻削不通孔时，为了控制深度，可利用尾座套筒上的刻度。如果尾座套筒上未刻有刻度，可在钻头上用粉笔做出记号。

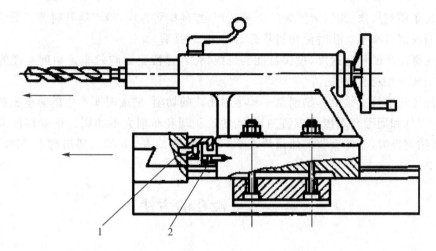

图 2-13　大溜板带动尾座自动进刀钻孔

（7）钻孔时为了能自动走刀，可用拖板拉动尾座的方法，如图 2-13 所示。改装时，在尾座前端装有钩子 2，中拖板右侧装一钩子 1。使用时，先把大拖板摆向尾座，中拖板向前摇出，然后再摇进，使钩子 1 钩住钩子 2。这样当大拖板纵向自动走刀时，就可带动尾座移动，达到钻孔自动走刀。但尾座压板的松紧程度必须适当，太紧拉不动，太松会引起振动。钻头的直径也不宜超过 30mm，否则容易损坏机床。

（8）在车床上也可以进行扩孔和铰孔操作，扩孔时可选用麻花钻或扩孔钻。使用麻花钻扩孔时，由于钻头横刃不参加工作，轴向力减小，走刀省力。又由于钻头外缘处的前角大，容易把钻头拉进去，使钻头在尾座套筒内打滑。因此在扩孔时，可把钻头外缘处的前角修磨得小一些，对走刀量加以适当控制，不要因为钻进轻松而加大走刀量。

二、钻孔步骤

（1）钻孔前应先将工件端面车平，中心处不许留有凸台，以利于钻头正确定心。

（2）找正尾座使钻头中心对准工件旋转中心，否则可能会使孔径钻大，钻偏至折断钻头。

（3）用细长麻花钻钻孔时，为防止钻头晃动，可在刀架上夹一挡铁支持钻头头部帮助钻头定心。另一种方法就是先用中心钻在端面钻出中心孔，这样既能定心且钻出的孔同轴度较好。

（4）在实体材料上钻孔，小孔可一次钻出，若孔径超过 30mm 则不宜用大钻头一次钻出。应先用小钻头钻，然后再用大钻头扩孔。

（5）钻孔后需铰孔的工件由于所留铰孔余量较少，因此当钻头钻进 1～2mm 后应将钻头退出，停车检查孔径以防止孔径扩大没有铰削余量而报废。

三、孔加工时注意事项

（1）安装钻头时候应该保证钻头的正确定心。

（1）为增加车孔刀的刚度和强度，应尽可能选用截面尺寸较大的刀杆。

（3）为了增加刀杆刚度，刀杆伸出长度应尽可能短些，只要刀杆伸出长度略大于孔深即可，以免因刀杆伸出太长，刚度降低而引起振动。

（4）为了顺利排屑，通过刃倾角的合理选用，控制排屑方向，精车通孔时使切屑流向待加工表面（前排屑），车不通孔时使切屑从孔口排出（后排屑）。

（5）选择适当的切削速度，过快可能会烧毁钻头，过慢则影响效率。切削速度的选择与孔径、加工质量和材料有关。

（6）保证切削液的供给。钻削是一种半封闭式的切削，钻削时所产生的热量虽然也由切屑、工件、刀具和周围介质传出，但它们之间的比例却和车削大不相同。例如用标准麻花钻加切削液钻钢料时，工件吸收的热量约占 52.5%，钻头约占 14.5%，切屑约占 28%，而介质仅占 5% 左占。

第 5 节　镗孔的方法

一、镗孔基本知识

工件上的铸造孔、锻孔或用钻头钻出的孔，为达到所需要的精度和表面粗糙度，需要用内孔车刀车削称为镗孔。镗孔是孔加工的常用方法之一，可作为粗加工和精加工。镗孔精度可达 IT7～IT8，粗糙度可达 $Ra1.6～3.2\mu m$，精车可达 $Ra0.8\mu m$。

1. 镗刀种类

根据不同的加工情况，内孔车刀可分为通孔镗刀和盲孔镗刀两种。

（1）通孔镗刀：通孔镗刀用于镗通孔。其切削部分的几何形状基本上与外圆车刀相似，为了减小吃刀抗力及防止震动，主偏角应取得较大，一般在 60°～75°、副偏角一般在 15°～30°，为了防止镗刀后刀面与工件孔壁的摩擦不应将镗刀的后角磨得太大，一般磨成两个后角。

（2）盲孔镗刀：盲孔镗刀用于镗盲孔，阶台孔及盲孔内端面。切削部分的形状基本上与偏刀相似。其主偏角大于 90°，后角的要求和通孔镗刀一样，刃尖在刀具最前端，刀尖与刀杆外端的距离应小于孔半径，否则无法车平底孔面。

镗刀有整体式和刀排式两种。

（1）整体式镗刀：这种刀切削部分与刀杆为一体。

（2）刀排式镗刀：为了节省刀具材料和增强刀杆强度，用碳钢或合金钢制成刀排。在前端做出方孔，然后将高速钢或硬质合金制成的刀头装在刀杆方孔内，并用螺钉固定。如果加工盲孔，方孔的位置应该是倾斜的。

2. 镗刀的选择

镗刀的关键是解决镗刀刚度和排屑问题，为此选择镗刀时要注意：

（1）尽可能选择截面积尺寸较大的刀杆，以增加刀杆强度和刚度。

（2）刀杆伸出长度尽可能缩短，使刀杆工作部分长度略长于孔深即可，以增加刀杆刚度，避免振动。

（3）镗刀的几何角度与外圆车刀相似，但方向相反，镗刀后角应取大些。

（4）加工盲孔时，应选择负的刃倾角，使切屑向孔口排出。

3. 镗孔刀的安装

（1）安装镗刀时刀尖应与工件中心等高或稍高，以免由于切削力将刀尖扎进工件里而造成孔径扩大。装刀高低还会使刀具前、后角发生变化。

(2)刀杆不宜伸出刀架过长,如果刀杆本身较长,可以在刀杆下面垫一块垫铁以支撑刀杆。

4. 工件安装

车孔时,工件一般采用三爪自定心卡盘安装。对较大和较重的工件可采用四爪单动卡盘安装。加工直径较大,长度较短的工件必须找正外圆和端面,一般情况下先找正端面再找正外圆,如此反复几次直到达到要求为止。

二、镗孔工艺

镗通孔的方法基本上跟车外圆一样,必须先用试切法控制尺寸。镗孔放余量时,应注意内孔尺寸要缩小。长度上可先把总长度放长,工件左右内孔台阶长度按图纸车至要求尺寸,余量可留在中间孔的两个端面上。镗削阶台孔或不通孔时,控制阶台深和孔深可应用车床的纵向到度盘,或在刀杆上做一记号或用挡铁,如图 2-14 所示。

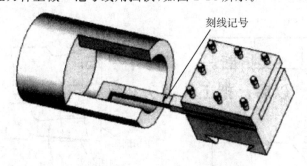

刻线记号

图 2-14 用镗刀镗孔时控制孔深

镗削不通孔或阶台孔,一般先用钻头钻孔,考虑到麻花钻顶角一般是 $116°\sim118°$,所以内孔底平面是不垂直的,这时可用分层切削法把平面车平。除了用上面的分层切削法加工阶台孔以外,如果孔径较小,也可先用平头钻把底平面锪平(图 2-15)。然后用不通孔镗刀精加工,这种方法生产效率较高。平头钻刃磨时,两刃口磨成平直,横刃要短,后角不宜过大,外缘处的前角要修磨得小些,否则容易引起扎刀现象。轻者使孔底产生波浪形,重者使钻头折断。

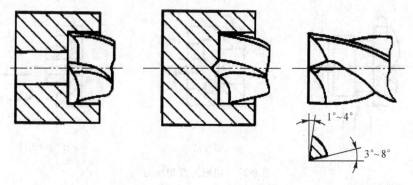

1°~4°

3°~8°

图 2-15 平头钻加工底面

用硬质合金镗刀销孔时,一般不需要加冷却润滑液。加工铝合金时,不要加冷却液,因为水和铝容易起化合作用,会使加工表面产生小针孔。精加工铝合金时,可使用煤油。镗孔时,由于工作条件不利,加上刀杆刚性差,容易引起振动,因此切削用量应比车外圆时低些。

第6节　切槽和切断

在车削加工中,当工件的毛坯是棒料且很长时,需根据零件长度进行切断后再加工,避免空走刀;或是车削完后把工件从原材料上切下来,称为切断。

沟槽是在工件的外圆、内孔或端面上切有各种形式的槽,沟槽的作用一般是为了退刀和装配时保证零件有一个正确的轴向位置。

一、切槽操作

切槽使用切槽刀。切槽和车端面很相似,切槽刀如同右偏刀和左偏刀并在一起同时车左、右两个端面,如图 2-16 所示。

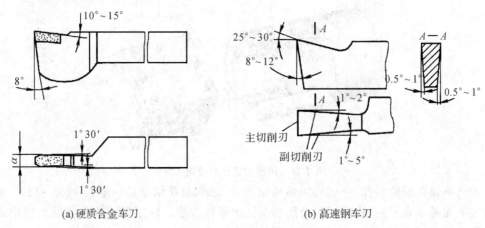

(a) 硬质合金车刀　　　　　　　(b) 高速钢车刀

图 2-16　切槽刀

切槽刀前面的刀刃是主刀刃,两侧刀刃是副刀刃。切槽刀安装后刀尖应与工件轴线等高,主切削刃平行于工件轴线,两副偏角相等,主偏角为 90°,如图 2-17 所示。切槽时应注意以下几点。

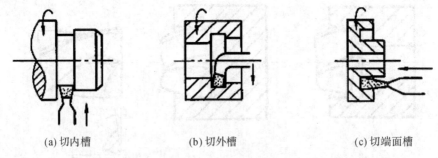

(a) 切内槽　　　　　　(b) 切外槽　　　　　　(c) 切端面槽

图 2-17　切槽刀及切断刀

1. 切窄槽/宽槽

切窄槽时,主切削刃宽度等于槽宽,在横向进刀中一次切出。

切宽槽时,主切削刃宽度可小于槽宽,在横向进刀中分多次切出。切削 5mm 以下窄槽,可以主切刃和槽等宽,一次切出。先把槽的大部分余量切出,在槽的两侧和底部留出精车余量,最后一次横向进给粗车后,根据槽的尺寸精度一次走刀完成精车。切削宽槽时可按照图 2-18 的方法切削。

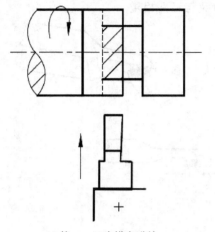

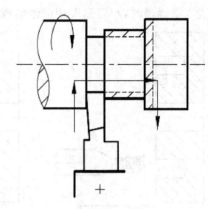

(a) 第一、二次横向进给   (b) 最后一次槽向进给后再以纵向进给车槽底

图 2-18　切宽槽

2. 切直槽

在端面上切直槽时,切槽刀的一个刀尖 a 处的副后面要按端面槽圆弧的大小刃磨成圆弧形,并磨出一定的后角,可避免副后面与槽的圆弧相碰,如图 2-19(a)所示。

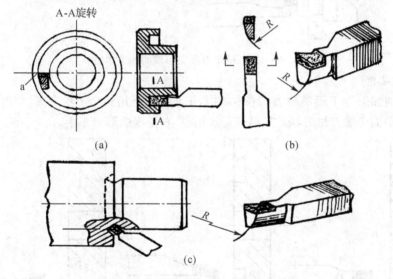

图 2-19　端面切槽刀的几何形状及车削

3. 切 45°外沟槽

45°外沟槽车刀与一般端面沟槽车刀相同,刀尖 a 处的副后面应磨成相应的圆弧,如图 2-19(c)所示。切削时,把小滑板转过 45°用小滑板进刀车削成形。

4. 切 T 形槽

T 形槽的车削加工,可使用三种车刀分三个工步进行,如图 2-20 所示。

Ⅰ工步:用平面切槽刀切平面槽。

Ⅱ工步:用弯头右切槽刀车外侧沟槽。

Ⅲ工步:用弯头左切槽刀车内侧沟槽。

注意:弯头切槽刀的主刀刃宽度应等于槽宽,L 应小于 b,否则刀无法进入槽中;弯头切槽刀进入平面槽时,车刀侧面相应地磨成圆弧形,可避免与工件相碰。

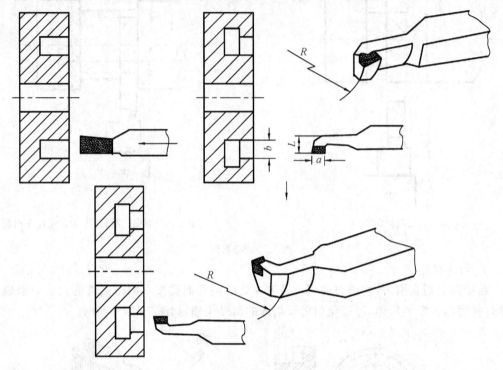

图 2-20　T形槽车刀与T形槽的加工方法

5. 切燕尾槽

燕尾槽的加工与 T 形槽的加工基本相同,工艺上仍是用三个工步完成,如图 2-21 所示。第一工步用平面切槽刀加工,第二、第三工步用左、右角度成形刀车削。

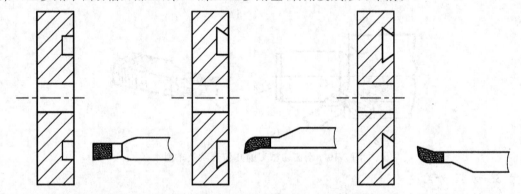

图 2-21　燕尾槽车刀与燕尾槽的加工方法

6. 切内沟槽

内沟槽车刀与切断刀的几何形状基本相似,仅安装方向相反。因为是在内孔中切槽,所以磨有两个后角。若在小孔中加工槽,则刀具做成整体式,直径稍大些,可采用刀杆装夹式,如图 2-22 所示。

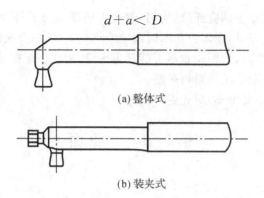

$$d+a< D$$

(a)整体式

(b)装夹式

图 2-22　内沟槽车刀

　　内沟槽车刀在安装时,应使主切削刃与内孔中心等高或略高,两侧副偏角须对称。采用装夹式内沟槽车刀时,刀头伸出的长度应大于槽深 h,同时要求:

　　式中:D——内孔直径;

　　　　　d——刀杆直径;

　　　　　a——刀头在刀杆上伸出的长度。

　　车内沟槽与车外沟槽的方法相似,关键在于尺寸的控制;狭槽直接用主切削刃宽度等于槽宽的内沟槽车刀横向进刀来保证;宽槽可用大滑板刻度盘来控制尺寸;沟槽深度可用中滑板刻度掌握;位置用大、小滑板刻度或挡铁来控制;精度要求高的用百分表和量块保证(图2-23)。

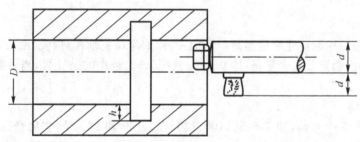

图 2-23　内沟槽车刀的尺寸

二、切断操作

　　切断要用切断刀,切断刀形状与切槽刀相似,但刀头窄长、厚度大,且主切削刃两边要磨出斜刃以利于排屑。刀具安装时,主切削刃必须对准工件的旋转中心,过高、过低均会使工件中心部位形成凸台并损坏刀头。切削时,刀具径向进刀直至工件中心。切断刀很容易折断,切断时应注意以下几点:

　　(1)切断一般在卡盘上进行,工件的切断处应距卡盘近些,避免在顶尖安装的工件上切断。

　　(2)切断刀刀尖必须与工件中心等高,否则切断处将剩有凸台,且刀头也容易损坏。切断刀伸出刀架的长度不要过长。

　　(3)切断毛坯表面,最好用外圆车刀先把工件车圆,或开始时尽量减小走刀量,防止"扎刀"而损坏车刀。

(4)手动进刀时,摇动手柄应连续、均匀,避免因切断刀与工件表面摩擦,使工件表面产生冷硬现象而迅速磨损刀具,在即将切断时要放慢进给速度,以免突然切断而使刀头折断。

(5)用卡盘装夹工件时,切断位置尽可能靠近卡盘,防止引起振动;由一夹一顶装夹工件时,工件不完全切断,应取下工件后再敲断。

(6)切断过程中如需要停车,应先退刀再停。

第7节　车锥面

一、圆锥的种类

在机械制造工业中,除了采用圆柱体和圆锥孔作为配合表面外,还广泛采用圆锥体和圆锥孔作为配合表面。如车床主轴孔跟顶针的结合,车床尾座锥孔跟麻花钻柄的结合,磨床主轴跟砂轮法兰的结合,铣床主轴孔跟刀杆锥体的结合等等。圆锥面结合之所以应用得这样广泛,主要有以下几个原因:

(1)当圆锥面的锥角较小时,可传递很大的扭矩。

(2)装拆方便,虽经多次装拆,仍能保证精确的定心作用。

(3)圆锥面结合同轴度较高。

(4)圆锥面配合紧密,拆卸方便。

为了降低生产成本和使用方便,常用的工具、刀具圆锥都已标准化,常用的圆锥有下列三种:

1. 莫氏圆锥

莫氏圆锥是机械制造业中应用最广泛的一种,如车床主轴孔,顶尖,钻头柄,绞刀柄等都用莫氏圆锥,莫氏圆锥分成个号码,即 0、1、2、3、4、5、6。最小的是 6 号,当号数不同时,圆锥斜角也不同。

2. 公制圆锥

公制圆锥有 8 个号码,即 4、6、80、100、120、140、160 和 200 号,它的号码是指大端的直径,锥度固定不变,即 $K=1:20$。

3. 专用标准锥度

除了常用的莫氏锥度以外,还经常遇到各种专用的标准锥度如:

(1)车床主轴法兰及轴头 $7°7'30''$。

(2)管件的开关塞阀 $4°5'8''$。

(3)部分滚刀轴承内环锥孔 $2°5'45''$。

圆锥斜角与大端面直径,小端直径和长度的关系一般可在图纸上注明 D、d、L 这三个量表示,但是在车削圆锥时,往往需要转动小拖板的角度,所以必须计算出圆锥斜角

$$\tan\alpha=(D)-d/2L$$

当圆锥斜角 $a<6°$ 时,可用近似公式来计算 $a\approx28.7\times(D-d)/L$。

二、车锥度的方法

车锥度的方法有四种:

(1)小刀架转位法。

(2)锥尺加工法(靠模法)。

(3)尾架偏移法。

(4)样板刀法(宽刀法)。

无论用哪一种方法,都是为了使刀具的运动轨迹与零件轴心线成圆锥斜角 a,从而加工出所需要的圆锥零件。车锥体时,必须特别注意车刀安装的刀尖要严格对准工件的中心,否则,车出的圆锥母线不是直线,而是双曲线。

1. 小刀架转位法

如图 2-24 所示,根据零件的锥角,将小刀扳转一定角度即可加工。这种方法操作简单,能保证~定的加工精度,而且还能车内锥面和锥角很大的锥面,因此应用较广。但由于受小刀架行程的限制,并且不能自动走刀,所以适于加工短的圆锥工件。

如果图纸上没有注明圆锥斜角 a,可根据公式计算出圆锥斜角 a,算出的角度如果不是整数,(例如 $a=3°35'$,那么只能在 $3°\sim4°$ 之间进行估计,大约在 3 度半多一点)可试切后逐步校正。

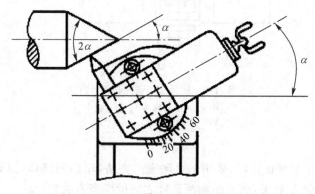

图 2-24　小刀架转位法

小刀架转位法的特点如下:

(1)能车圆锥角度较大的工件。

(2)能车出圆锥体和圆锥体孔,并且操作简单。

(3)只能手动进给,若用此法成批生产,则劳动强度大,工件表面粗糙度较难控制。

(4)因受小滑板行程的限制,只能加工锥面不长的工件。

2. 锥尺加工法(靠模法)

对于长度较长,精度要求很高的锥体,一般都用靠模法车削,靠模法装置能使车刀在做纵向走刀的同时,还做横向走刀,从而使车刀的移动轨迹与被加工零件的圆锥母线平行。

这种方法调整方便,准确,可采用自动进刀车削圆锥体或圆锥孔,质量很高,但靠模装置的角度调整范围较小一般在 12°以下。

靠模法是使用专用的靠模装置进行锥面加工,如图 2-25 所示。车削锥度时,大滑板作纵向移动,滑块 4 就沿靠模板斜面滑动。又因为滑块 4 与中滑板丝杆连接,则中滑板就沿着靠模板斜度作横向进给,车刀就合成斜走刀运动。

靠模法车削锥度适于加工小锥度工件。可自动进刀车削圆锥体和圆锥孔,且中心孔接触良好,故锥面质量好。靠模板调整方便、准确。

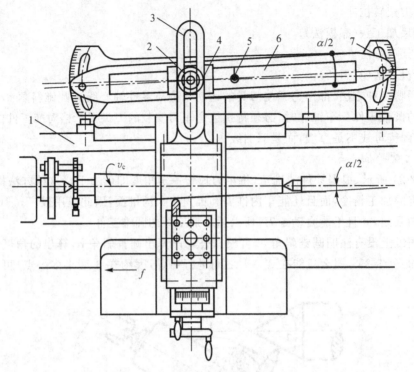

1—床身 2—螺母 3—联接板 4—滑块
5—中心轴 6—靠模板 7—底座
图 2-25 靠模法

3. 偏移尾座法

在两顶针之间车削圆锥面时,采用偏移尾座的方法,车削圆锥体,但要注意尾座的偏移量不仅和圆锥体长度 L 有关,而且还和两顶针之间的距离有关。

尾座偏移量的计算公式为:

$$S = \frac{D-d}{2L}L = L\tan\frac{\alpha}{2}$$

式中:S——尾座偏移量(mm);

D——锥面大端直径(mm);

d——锥面小端直径(mm);

l——锥面长度(mm);

L——两顶尖之间的距离(mm);

α——锥角。

计算得 S 后,就可以根据偏移量 S 来移动尾座的上层,偏移尾座的方法有如下几种:

(1)利用尾座的刻度偏移尾座

先把尾座上下层零线对齐,然后转动螺钉 1 和 2,将尾座上层移动一个 S 距离,如图2-26所示。

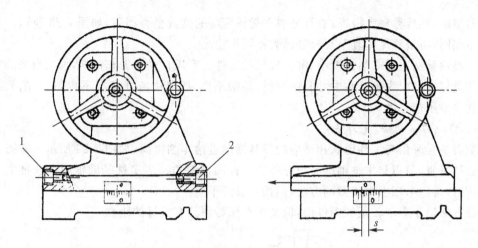

图 2-26　用尾座的刻度偏移尾座

(2)利用百分表偏移尾座

先把百分表装在刀架上,使百分表的触头与尾座套筒接触,然后偏移尾座,当百分表指针转动至 S 值后,将尾座固定,如图 2-27 所示。

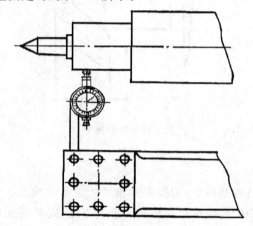

图 2-27　用百分表偏移尾座的方法

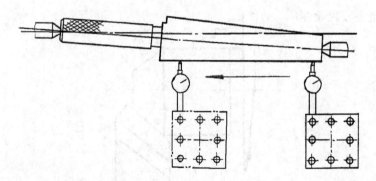

图 2-28　用锥度量棒偏移尾座

(3)利用锥度量棒(或样件)偏移尾座

把锥度量棒顶在两顶针中间,在刀架上装一百分表,使百分表与量棒接触并对准中心,再偏移尾座,然后移动大滑板,看百分表在量棒两端的读数是否相同,如图 2-28 所示。如果读数不相同,再偏移尾座直至百分表读数相同为止。

尾座偏移法适于车削锥度小、锥体较长的工件。可用自动走刀车锥面,加工出来的工件表面质量好。但因为顶针在中心孔中歪斜、接触不良,所以中心孔磨损不均匀,车削锥体时尾座偏移量不能过大。

4. 样板刀车削法(宽刀法)

宽刀法是采用与工件形状相适应的刀具横向进给车削锥面,如图 2-29 所示。宽刃刀的刀刃必须平直,刀刃与主轴轴的夹角应等于工件圆锥斜角。当工件的圆锥斜面长度大于刀刃长度时,可以采用多次接刀的方法,但接刀必须平整。

该方法适于车削较短的圆锥面,但要求车床必须具有很好的刚性。

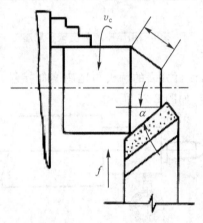

图 2-29　车削锥面

三、外圆锥面的检验

外圆锥面的检验项目包括两个:圆锥角度和尺寸精度的检测。常用的检验工具有万能角度尺、角度样板,若检测配合精度要求较高的锥度零件,则采用涂色检验法。对于 3°以下的角度采用正弦规检测。

1. 角度和锥度的检验

(1)用万能角度尺检测

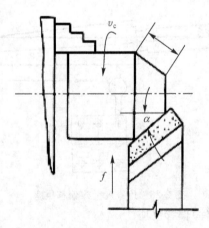

图 2-30　用万能角度尺测量工件的方法

万能角度尺的测量范围是 0°~320°。用万能角度尺检测外圆锥角度时,应根据工件角度的大小,选择不同的测量的方法,如图 2-30 所示。

(2)用角度样板检测

角度样板是根据被测角度的两个极限尺寸制成的(图 2-31),采用专用的角度样板测量圆锥齿轮坯角度的情况。

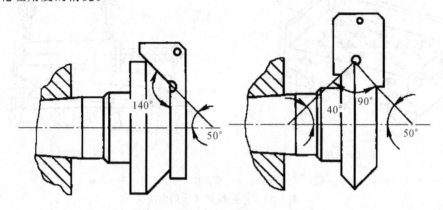

图 2-31 用样板测量圆锥齿轮坯的角度

(3)用涂色法检测

检验标准外圆锥面时,可用标准圆锥套规来测量。如图 2-32 所示。测量时,先在工件表面顺着锥体母线用显示剂均匀地涂上三条线(约 120°),然后把工件放入套规锥孔中转动半周,最后取下工件,观察显示剂擦去的情况。如果显示剂擦去均匀,说明圆锥接触良好,锥度正确。如果小端擦去,大端没擦去,说明圆锥角小了;反之则说明圆锥角大了。

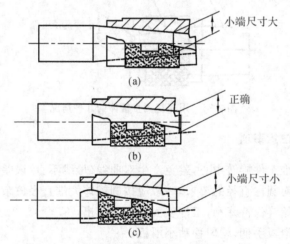

图 2-32 圆锥套规及圆锥套规测量

(4)用正弦规检测

正弦规是利用正弦函数原理精确地检验锥度或角度的量具。它由一块准确的钢质长方体和两个相同的精密圆柱体组成,如图 2-33(a)所示。测量时,将正弦规安放在平板上,一端圆柱体用量块垫高,量块组的高度尺寸为:

$$H = L\sin\frac{\alpha}{2}$$

被测工件放在正弦规的平面上,如图 2-33(b)所示。然后用百分表检验工件圆锥面的两端高度,如指针在两端点指示值相同,就说明圆锥半角准确。反之,则被测工件圆锥角有误差,这时可通过调整量块组的高度,使百分表两端在圆锥面的读数值相同,这样就可以计算出圆锥实际的角度。

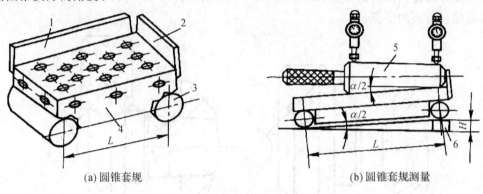

(a)圆锥套规　　　　　　　　　　(b)圆锥套规测量

1、2—挡板　3—圆柱　4—长方体　5—工件　6—量块

图 2-33　正弦规及其使用方法

2. 圆锥尺寸的检测

圆锥的大、小端直径可用圆锥界限套规来测量,在套规端面上有一个台阶(或刻线),台阶长度 m(或刻线之间的距离)就是圆锥大小端直径的公差范围。检测方法如图 2-34 所示,测量外圆锥时,如果锥体的小端平面在缺口之间,说明其小端直径尺寸合格;如锥体未能进入缺口,说明其小端直径大了;如锥体小端平面超过了止端缺口,说明其小端直径小了。

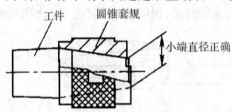

图 2-34　用套规测量锥体的几种情况

四、圆锥加工时注意事项

(1)车刀必须对准工件旋转中心,避免产生双曲线(母线不直)误差。

(2)车圆锥体前对圆柱直径的要求,一般应按圆锥体大端直径放余量 1mm 左右。

(3)车刀刀刃要始终保持锋利,工件表面应一刀车出。

(4)应两手握小滑板手柄,均匀移动小滑板。

(5)粗车时,进刀量不宜过大,应先找正锥度,以防工件车小而报废,一般留精车余量 0.5mm。

(6)用量角器检查锥度时,测量边应通过工件中心。用套规检查,工件表面粗糙度较小,涂色要薄而均匀,转动一般在半圆之内,多则易造成误判。

(7)在转动小滑板不宜过松,以防工件表面车削痕迹粗细不一。

(8)当车刀在中途刃磨以后装夹时,必须重新调整,使刀尖严格对准工件中心。

第8节　车螺纹

8.1　螺纹的基本知识

一、螺纹的分类

螺纹有联结、紧固、传动、测量(千分尺利用螺纹转动测量工作)等用途,在机械工业中螺纹的用途很广泛,仅 CA6140 车床上就有许多零部件使用了螺纹,如床头箱上固定盖板的螺钉、刀架固紧螺钉、大拖板依靠丝杠带动作螺纹切削加工、中拖板进给运动就是靠丝杆和螺母配合、卡盘与主轴连接的螺纹等。

螺纹有很多种分类,如可分为标准螺纹、特殊螺纹(非标螺纹)两大类。

螺纹种类按牙型分为三角形、梯形、方牙螺纹等数种;按用途分为连接螺纹和传动螺纹。连接螺纹包括 a、普通螺纹 b、管螺纹传动螺纹;传动螺纹包括 a、梯形螺纹 b、方形螺纹 c、锯齿形螺纹;按标准分为米制和英制螺纹。米制三角形螺纹牙型角为 60°,用螺距或导程来表示;英制三角形螺纹牙型角为 55°,用每英寸牙数作为主要规格。各种螺纹都有左旋、右旋、单线、多线之分,其中以米制三角形螺纹即普通螺纹应用最广。

如:M16—普通螺纹、牙型角 60°,M24×1.5—细牙螺纹、牙型角 60°;

T32×12/3—左,梯形螺纹、牙型角 30°多线螺纹、旋向为"左"旋;

G3/4″—圆柱管螺纹、牙型角 55°,ZG1″—圆锥管螺纹、牙型角 55°;

1/2″—英制螺纹、牙型角 55°,2″—英制细牙螺纹、牙型角 55°。

无论哪一种螺纹,加工的方法基本相同,只是刀具的形状随所需螺纹的牙形状变化罢了。

二、螺纹的参数

普通螺纹以大径、中径、螺距、牙型角和旋向为基本要素,是螺纹加工时必须控制的部分。

(1)大、中、小径。

(2)牙型角。普通螺纹的牙型角 60°,首先把刀具磨成 60°成型刀,然后装刀(这时刀架固定,调整螺纹刀)。将对刀板(中心规)的一边靠平在工件表面,使之与工件轴线平行,另一边的 60°成型槽对准刀具,根据偏斜程度来调整刀子的位置,同时刀尖必须与工件中心等高。

(3)螺距。即相邻二牙之间的距离,机床生产时通过搭配挂轮的传动比设计而成。按进给箱上铭牌表调整手柄,其目的是保证工件转一转,刀具移动一个螺距。

C618 车床现搭配挂轮的传动比为 1:8 所以只要变动诺顿手柄和移动手柄即可车出螺距为 1~2.5mm 的螺纹,螺距用"P"表示。

$P=1$ Ⅱ1;$P=1.25$ Ⅱ2;$P=1.5$ Ⅱ3;$P=1.75$ Ⅱ4;$P=2$ Ⅱ5;$P=2.5$ Ⅱ6。

(4)线数。即一个螺纹螺旋线的根数,由于加工的为普通外螺纹,在此不再详细介绍多线螺纹及分线方法,可从螺纹端面上观察螺旋线起始的根数,即可判断出有几条螺旋线。

(5)旋向。旋向是螺旋线的旋转方向,C618 是通过三星齿轮进行调整的,C616 是通过正反行程手柄调整的,当丝杆旋转方向和工件旋转方向一致时,车出右旋,反之为左旋。

8.2 螺纹车刀

一、螺纹车刀的材料

常用的螺纹车刀材料有高速钢和硬质合金两类。

高速钢螺纹车刀容易磨得锋利,而且韧性较好,刀尖不易崩裂,但其耐热性较差,只适用于低速车削螺纹,车出的螺纹表面质量较好。

硬质合金螺纹车刀的硬度高,耐热性较好,但韧性较差,适用于高速车削螺纹时使用。

二、螺纹车刀几何形状的要求

螺纹车刀的刀尖角必须与螺纹牙型角相等切削部分的形状应与螺纹截面形状相吻合,车刀的前角应为 0°,螺纹车刀左右两侧的切削刃必须是直线并具有较小的表面粗糙度值,螺纹车刀两侧的后角是不相等的。车刀刃磨时按样板刃磨,刃磨后用油石修光。

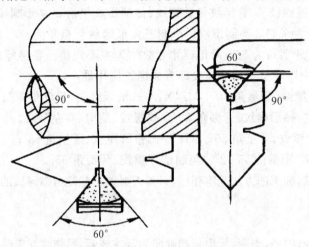

图 2-35 螺纹车刀的形状及对刀方法

三、螺纹车刀的安装

安装螺纹车刀时,刀尖必须对准工件中心,刀尖角的等分线必须垂直于工件轴线。调整时可用对刀样板保证以上要求,如图 2-35 所示。

8.3 车削螺纹

一、基本操作

在车床上车削单头螺纹的实质是使车刀的纵向进给量等于零件的螺距。为保证螺距的精度,应使用丝杠与开合螺母的传动来完成刀架的进给运动。车螺纹要经过多次走刀才能完成,在多次走刀过程中,必须保证车刀每次不落入已切出的螺纹槽内,否则就会发生"乱扣"现象。当丝杠的螺距是零件螺距 P 的整数倍时,可任意打开合上开合螺母,车刀总会落入原来已切出的螺纹槽内,不会"乱扣"。若不为整数倍,多次走刀和退刀时,均不能打开开

合螺母,否则将发生"乱扣"。车外螺纹操作步骤如下:

(1)开车对刀,使车刀与零件轻微接触,记下刻度盘读数,向右退出车刀,如图2-36(a)所示。

(2)合上开合螺母,在零件表面车出一条螺旋线,横向退出车刀,停车,如图2-36(b)所示。

(3)开反车使车刀退到零件右端,停车,用钢直尺检查螺距是否正确,如图2-36(c)所示。

(4)利用刻度盘调整背吃刀量,开车切削,如图2-36(d)所示。

(5)刀将车至行程终了时,应做好退刀停车准备,先快速退出车刀刀架,如图2-36(e)所示。

(6)再次横向切入,继续切削,如图2-36(f)所示,然后停车,开反车退回。

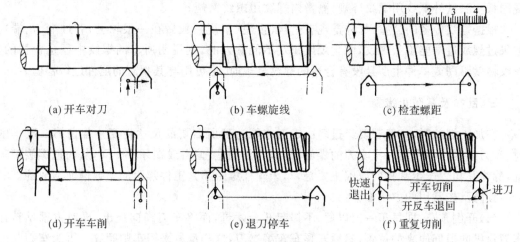

(a) 开车对刀　　　　　(b) 车螺旋线　　　　　(c) 检查螺距

(d) 开车车削　　　　　(e) 退刀停车　　　　　(f) 重复切削

图 2-36　车削外螺纹操作步骤

二、车螺纹的进刀方法

车削螺纹时,有三种进刀方法,如图2-37所示。

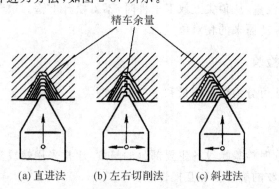

(a) 直进法　　　(b) 左右切削法　　　(c) 斜进法

图 2-37　车螺纹时的进刀方式

1. 直进刀法

用中滑板横向进刀,两切削刃和刀尖同时参加切削。直进刀法操作方便,能保证螺纹牙型精度,但车刀受力大、散热差、排屑难、刀尖易磨损。此法适用于车削脆性材料、小螺距螺纹或精车螺纹。

2. 左右切削法

除了中滑板作横向进给外,同时控制小滑板的刻度将车刀向左或向右作微量移动,分别切削螺纹的两侧面,经几次行程后完成螺纹的加工。这种方法中的车刀是单面切削,所以不容易产生扎刀现象。但是车刀左右进给量不能过大,否则会使牙底过宽或凹凸不平。

3. 斜进刀法

用中滑板横向进刀和小滑板纵向进刀相配合,使车刀基本上只有一个切削刃参加切削,车刀受力小,散热、排屑有改善,可提高生产率。但螺纹牙型的一侧表面粗糙度较大,所以最后一刀要留商余量,用直进法进刀修光牙型两侧。此法适用于塑性材料和大螺距螺纹的粗车。

不论采用哪种进刀方法,每次的切深量要小,而总切深度由刻度盘控制,并借助螺纹量规测量。测量外螺纹用螺纹环规,测量内螺纹用螺纹塞规。

根据螺纹中径的公差,每种量规有过规、止规(塞规一般做在一根轴上,有过端、止端)。如果过规或过端能旋入螺纹,而止规或止端不能旋入时,则说明所车的螺纹中径是合格的。螺纹精度不高或单件生产且没有合适的螺纹量规时,也可用与其相配的配件进行检验。

三、乱扣及其防止措施

在加工螺纹时,一般都要经过多次走刀才能达到所需要的尺寸精度。若在第二次车削时,车刀刀尖已不在第一次吃刀的螺旋槽内,而是偏左、偏右或在牙顶中间,从而把螺旋槽车乱,称为乱扣。产生乱扣的原因主要是,车床丝杠螺距不是工件螺距的整数倍而造成的。

预防乱扣常用的方法如下:

(1)开倒顺车,即每车一刀以后,不提起开合螺母,而将车刀横向退出,再使主轴反转让车刀沿纵向退回原来的位置,然后开顺车车第二刀,这样反复来回车削螺纹。因为车刀与丝杠的传动链没有分离过,车刀始终在原来的螺旋槽中倒顺运动,就不会产生乱扣。

(2)若需在切削中途换刀,则应重新对刀,使车刀仍落入已车出的螺纹槽内。由于传动系统存在间隙,因此对刀时应先使车刀沿切削方向走一段距离,停车后再进行。

(3)若进行工件测量,从顶尖上取下工件时,不得松开卡箍。重新安装工件时,必须使卡箍与拨盘(或卡盘)保持原来的相对位置。

8.4 螺纹的检验

螺纹的检测方法可分为综合测量和单项测量两类。

一、综合测量

综合检验是指同时检验螺纹各主要部分的精度,通常采用螺纹极限量规来检验内、外螺纹是否合格(包括螺纹的旋合性和互换性)。

螺纹量规有螺纹环规和螺纹塞规两种,如图 2-38 所示,前者用于测量外螺纹,后者用于测量内螺纹,每一种量规均由通规和止规两件(两端)组成。检验时,通规能顺利与工件旋合,止规不能旋合或不完全旋合,则螺纹合格;反之通规不能旋合,则说明螺母过小,螺栓过大,螺纹应予修退;当止规与工件能旋合,则表示螺母过大,螺栓过小,螺纹是废品。对于精度要求不高的螺纹,也可以用标准螺母和螺栓来检验,以旋入工件时是否顺利和旋入后松动程度来判定螺纹是否合格。

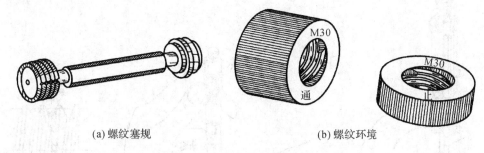

(a) 螺纹塞规　　　　　　　　　(b) 螺纹环境

图 2-38　螺纹量规

螺纹综合检验不能测出实际参数的具体数值,但检验效率高,使用方便,广泛用于标准螺纹或大批量生产的螺纹测量。

二、单项检验

单项检验是指用量具或量仪测量螺纹每个参数的实际值。

1. 测量大径

由于螺纹的大径公差较大,一般只需采用游标卡尺或千分尺测量,方法如外圆直径的测量。

2. 测量螺距

在车削螺纹时,从第一次纵向进给运动开始时就要作螺距的检查。第一刀在工件上切出一条很浅的螺旋线,用钢直尺、游标卡尺或螺距规进行测量。工件完成后,再进行测量,方法是用钢直尺、游标卡尺量出几个螺距的长度 L,如图 2-39(a) 所示,然后,按螺距 $P=L/n$ 计算出螺距,或用螺距规直接测定螺距,测量时把钢片平行轴线方向嵌入齿形中,轮廓完全吻合者,则为被测螺距值,如图 2-39(b) 所示。

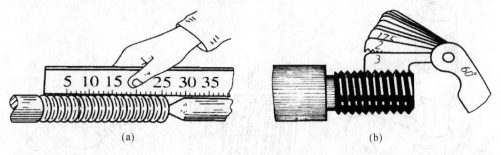

(a)　　　　　　　　　　　　　　　(b)

图 2-39　螺纹测量

3. 测量中径

(1)螺纹千分尺测量

螺纹千分尺的读数原理也与普通千分尺相同,其测量杆上安装了适用于不同螺纹牙形和不同螺距的、成对配套的测量头,如图 2-40 所示。在测量时,两个测量头正好卡在螺纹牙形面上,这时千分尺读数就是螺纹中径的实际尺寸。

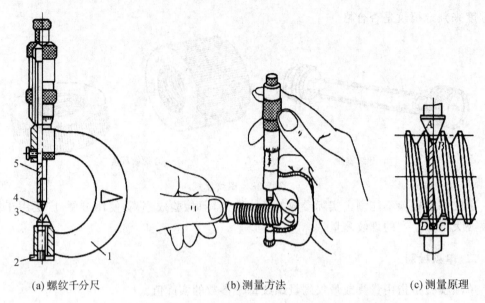

(a) 螺纹千分尺　　　　　　　　(b) 测量方法　　　　　　　　(c) 测量原理

1—尺架　2—砧座　3—下测量头　4—上测量头　5—测量螺杆

图 2-40　三角形螺纹中径的测量

（2）三针测量

该方法采用的量具是三根直径相同的圆柱形量针。测量时，把三根量针放置在螺纹两侧相对应的螺旋槽内，用千分尺量出两边量针之间的距离 M，如图 2-41 所示。根据已知的螺距 P、牙型半角 $\dfrac{\alpha}{2}$ 及量针直径 d_0 的数值可以计算螺纹中径 d_2 的实际尺寸。

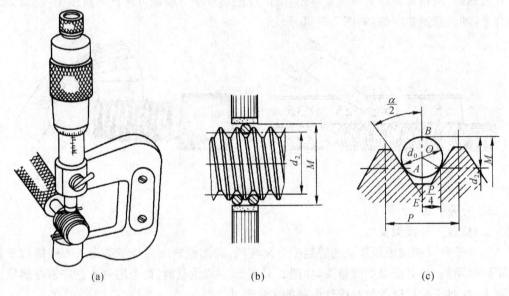

图 2-41　三针测量螺纹中径

M 值和中径的计算公式如下：

$$M = d_2 + 2\left(\frac{d_0}{2\sin\frac{\alpha}{2}} + \frac{P}{4}\operatorname{ctan}\frac{\alpha}{2}\right)$$

或者

$$d_2 = M - d_0 (1 + \frac{1}{2\sin\frac{\alpha}{2}} + \frac{P}{4}\mathrm{ctan}\frac{\alpha}{2})$$

对于公制普通螺纹，$\alpha = 60°$，则：

$$d_2 = M - 3d_0 + 0.866P$$

为了消除牙型半角误差对测量结果的影响，应选最佳量针（最佳），使它与螺纹牙型侧面的接触点，恰好在中径线上，如图 2-41 所示。

此时 d_0 的值：

$$d_0(最佳) = \frac{P}{2\cos(\frac{\alpha}{2})}$$

对于普通螺纹：$d_0(最佳) = 0.577P$

三针测量法主要用于测量精密的外螺纹中径，其方法简单，测量精度高，故生产中应用广泛。

车螺纹时，一般靠中拖板作横向进给来加深吃刀深度，这种方法叫直进法。由于这种方法车刀的二刃都参加切削工作，车刀所受的总切削力较大、刀尖易磨损、排屑困难，当进刀量大时，还会出现"阻力现象"（刻度进的很少，切削量不少），为减少这种现象，可在中拖板作横向进给的同时，使小拖板向左或向右作少量借刀，这样使二刃切削改成一刃切削，这种方法称为左、右切削法，车螺纹时，这两种方法皆可交替使用。

8.5 加工螺纹注意事项

车螺纹时，车刀的移动是靠开合螺母与丝杠的啮合来带动的，一条螺纹槽是经过多次进给才完成的。在多次重复的切削过程中，必须保证车刀始终落在已切出的螺纹槽内。否则，刀尖即偏左或偏右，把螺纹车坏，这种现象叫作"乱扣"。车螺纹时是否会发生"乱扣"主要取决于车床丝杠螺距与工件螺距的比值 K 是否成整数。若 K 为整数就不会发生"乱扣"，反之则会发生。"乱扣"现象是可以避免的，在切削一次以后，不打开开合螺母，只退出车刀，开倒车使工件反转，使车刀回到起始位置。然后调节车刀的背吃刀量，再继续开顺车，主轴正转，进行下一次切削。

在螺纹切削加工中还应注意以下事项：

（1）调整中、小滑板导轨上的斜铁，保证合适的配合间隙，使刀架移动均匀、平稳。

（2）由顶尖上取下零件测量时，不得松开卡箍。重新安装零件时，必须使卡箍与拨盘保持原来的相对位置，并且须对刀检查。

（3）若需在切削中途换刀，则应重新对刀。由于传动系统存在间隙，对刀时应先使车刀沿切削方向走一段距离，停车后再进行对刀。此时移动小滑板使车刀切削刀与螺纹槽相吻合即可。

（4）需保证每次走刀时，刀尖都能正确落在前次车削的螺纹槽内。当丝杠的螺距不是零件螺距的整数倍时，不能在车削过程中打开开合螺母，应采用正反车法。

（5）车削螺纹时严禁用手触摸零件或用棉纱擦拭旋转的螺纹。

（6）乱扣就是第二次切削与第一次切削的螺旋线不重合，原因是切削过程中刀具的位置移动了,在这种情况下必须重新对刀,对刀方法是:先按下开合螺母后开车,待车刀沿切削方向移到工件表面时再停车,移动小拖板,使车刀刀尖对准原来的螺旋槽。另外车螺纹除采用正反车法外,还可以采用提开合螺母法,但要记住,只有所车零件的螺距能被丝杆螺距整除或是丝杆螺距的整倍数时,才可采用这种方法,否则会乱扣。如已发生乱扣现象,要快速退刀,并立即停车。

(7)螺纹车好后,必须立即抬起开合螺母,然后脱开丝杆传动。

螺纹除用车刀在车床上加工外,还可以用板牙套放在尾架套筒套外螺纹,用丝锥攻内螺纹(用于大径较小的联接螺纹约 M16 以下作示范操作)。

内螺纹孔径计算:

$$孔径＝基本尺寸—1.08×P(螺距)$$

第9节 车成型面

一、什么是成型面

有些零件如手柄、子轮、圆球等,它们的表面不是平直的,而是由曲面组成的,这类零件的表面叫作成型面。

成型面大致可分为二类,一类是属配合成型面,如车床转动部位的滚珠轴承(实物)自行车的钢球与钢碗的配合,这类成型面精度,表面粗糙度要求较高;另一类是属使用成型面,如手柄、手轮等,这类成型面比较普遍,精度要求低(主要以美观为主)成型面在机械零件制造中应用很广泛。

二、用双手控制法车削成型面

这种方法是加工成型面最常用、最基本的方法,首先用外圆车刀把工件粗车出几个台阶,使用双手左右配合,左手摇动中拖板,右手摇动小拖板或者左手摇动大拖板,右手摇动中拖板。然后双手控制车刀依纵向和横向的综合进给车掉台阶的峰部,得到大致的成型轮廓,再用精车刀按同样的方法做成型面的精加工,最后用样板检验成型面是否合格。粗车时可采用左手操纵大拖板,右手操纵中拖板,精车时采用左手操纵中拖板,右手操纵小拖板,两手密切配合使刀尖所移动的运动轨迹与需要的成型面的曲线相同与吻合,此种双手控制方法关键是配合得当,摇动手柄要熟练(可反复练习)。这种方法操作简单,适合单件生产而且经济、方便,不需要其他附加设备,但生产效率较低,表面粗糙度差(一般要反复多次车削,修整才能得到所需要的粗糙度和精度,零件曲面误差较大,每件不可能车得完全一样。一般需经多次反复度量修整,才能得到所需的精度及表面粗糙度。

这种方法操作技术要求较高,但由于不要特殊的设备,生产中仍被普遍采用,多用于单件、小批生产。

二、用成型刀法车成型面

数量较多的成型面零件,可以采用样板刀法车削。车成型面的样板刀的刀刃是曲线,与零件的表面轮廓相一致,如图 2-42 所示。把车刀刃口磨得与所需工件表面形状相同,作为样板刀来加工零件,这种方法生产率高,适合批量生产,加工精度高,表面粗糙度较好。值得提醒的是样板刀加工成型面,一般不可直接使用样板刀去加工零件,因为这样会降低样板刀的耐用度(刀具寿命),所以在加工成批量成型面时需采用双手控制法先粗车,样板刀法精车的交替加工方法,能够体现出样板法车削成型面的优越性。

由于样板刀的刀刃不能太宽,刃磨出的曲线形状也不十分准确,因此常用于加工形状比较简单、形面不太精确的成型面。

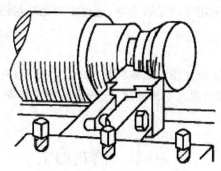

图 2-42　成型刀法

三、用靠模法车成型面

图 2-43 所示用靠模加工手柄的成型面。此时刀架的横向滑板已经与丝杠脱开,其前端的拉杆上装有滚柱。当大拖板纵向走刀时,滚柱即在靠模的曲线槽内移动,从而使车刀刀尖也随着作曲线移动,同时用小刀架控制切深,即可车出手柄的成型面。这种方法加工成型面,操作简单、生产率较高,因此多用于成批生产。当靠模的槽为直槽时,将靠模扳转一定角度,即可用于车削锥度。

四、成型面零件的车削步骤

(1)根据零件图选择那种方法加工(双手控制法)。

(2)用双手控制车刀运动轨迹并产生所需要的形面(对照图纸)。

(3)精、细修整形面,用锉刀或砂布抛光(型面要成形)。

(4)用游标卡尺和半径规(即 R 规)测量,检验成型面是否合格。

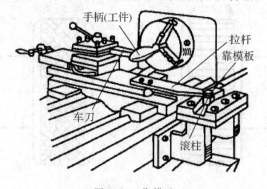

图 2-43　靠模法

五、成型面零件的检验

成型面是特殊形面的组合,检验方法是根据形状复杂程度和精度要求面确定的,一般有以下两种常用的方法:

1. 游标卡尺测量法

对精度低形状简单,要求不严格的零件需采用这种方法,可以根据图纸要求用卡尺对照所加工的零件进行测量,来确定零件是否合格,这种方法比较粗糙、不精确,所以一般只适用于测量美观成型面。

2. 样板测量法

用样板规检验,主要方法是使用时必须使样板的方向与工件中心线一致,成型面是否正确可以从样板与工件之间的缝隙大小来测定,这种方法测量简单,对于形状较复杂、大批量生产是最为合适的。

第 10 节　滚花加工

一、滚花加工基础知识

有的零件表面滚压成很有规则的花纹,如大、中、小拖板摇手柄尾架手轮边缘,圆球、凸轮等,又如刻度盘上的花纹,千分尺的套管、铰手、扳手、塞规、量规等,在我们日常生活中也经常运用到成型面和滚花,为什么成型面、滚花应用如此广泛呢? 主要因为它们有二个共同的优点:一是外表面形状美观、好看;二是比较实用,使用方便。而且已经滚好花纹的表面可增大摩擦力,使用时特别方便。

前面已经讲了滚花的目的和作用,下面重点讲一下花纹的种类、规格和加工方法。

1. 种类

花纹分二类,直纹(斜纹、单轮)和网纹(双轮)这二类花纹的作用都是一样的,用滚花刀在工件表面滚压而成,以增大摩擦,便于使用。直纹花是用单轮滚花刀加工,如有些仪器、仪表零件、钟表零件,典型的是手表上发条用的手把。网纹花则使用极为普遍,它是用双轮滚花刀加工,使二个不同方向的斜纹轮交叉而成,犹如鱼网一样,如图 2-44 所示。

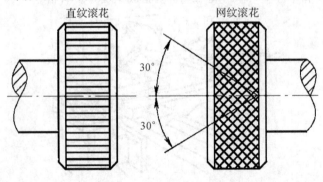

图 2-44　滚花的形式

2. 规格

零件上花纹的种类,粗细、大小是由滚花刀的规格而决定的,滚花刀的规格分四种,用节距(t)来表示,$t=0.6、0.8、1.2、1.6$。一般 0.8 和 1.2 两种规格是常用的,较适合加工直径 ø20—ø40 之间的零件。如图 2-45。

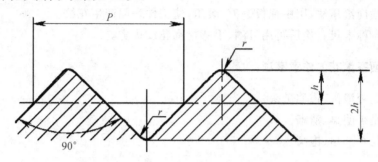

图 2-45 滚花花纹的形状及参数

3. 加滚花工方法

滚花原理是工件旋转运动,滚花刀进行横向滚压,拖板(滚花刀)作纵向直线进给运动,使圆柱表面被滚花刀挤压后,材料塑性变形而生成花纹。滚花时,先将工件直径加工略小于基本尺寸。(−0.2～−0.4),表面粗糙度要求不高,然后把选择好的滚花刀装在刀架上,滚花刀轮面与工件表面平行,用目测或 300mm 长钢皮尺测量,使滚花刀的高低对准中心,然后才可开动车床使工件旋转,旋转速度要慢些(C618 车床可取 42 或 66 转/分)进行试滚压,当滚花刀刚刚开始接触工件时,应用较大的横向挤压力,由浅入深使工件表面刻压出花纹,试滚压后可停车观看花纹优劣,如果满意即可继续滚压,若花纹破头乱扣,即要重新调整滚花刀中心,花纹可一次滚压而成,也可来回几次滚压,直到花纹清晰饱满为止。在滚花过程中,必须备有充分的润滑油(一般用机油)目的是减少刀具与工件的摩擦,降低工件表面温度,延长刀具寿命,以保证花纹质量,但加工铸件零件滚花时切忌加润滑油(图 2-46)。

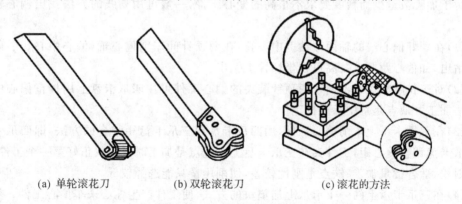

(a) 单轮滚花刀   (b) 双轮滚花刀   (c) 滚花的方法

图 2-46 滚花刀及滚花方法

二、滚花后花纹检验

花纹检验没有什么特殊的方法,一般是采用目测、手感法来检验,此法简单、方便,不需要辅助工量具。

三、滚花的加工步骤

(1)根据图纸要求选择适当的滚花刀。

(2)安装刀具符合要求,滚花刀的中心与工件旋转中心等高。

(3)使用横向滚压法,用中拖板进刀,滚压,使工件表面产生花纹。

(4)先用游标卡尺自检后再用目测、手感检测花纹优劣。

四、成型面基滚花的注意事项

(1)花纹是否滚乱(俗称破头)。

(2)花纹是否明显、清晰。

(3)花纹是否凸出、饱满。

第11节 偏心工件的加工

当外圆和外圆的轴心线或内孔和外圆的轴心线不在一条直线上(偏离一个距离)的零件叫偏心工件。外圆与外圆偏心的零件叫作偏心轴。外圆与内孔偏心的零件叫偏心套。

在机械转动中把回转运动变为往复直线运动或把往复直线运动变为回转运动。火车及汽车的传动原理就是把往复直线运动转变为回转运动,牛头刨床的加工原理就是把回转运动变为往复直线运动。偏心轴、偏心套、曲轴一般都在车床上加工。它们的加工原理基本相同,无论采用什么样的装夹方式,只要把它们需要加工偏心的部分校正到跟主轴旋转中心重合就可以。曲轴实际上就是多拐偏心轴,其加工原理跟偏心轴基本相同。

一、偏心工件的加工方法

对于加工数量少而精度要求不很高的偏心工件,一般可用划线的方法找出偏心轴的轴心线。

(1)在划好偏心线的轴两端钻上中心孔,在两顶针间车削偏心轴,偏心中心孔一般在钻床上钻出,如偏心距要求较高可在坐标镗上钻出。

(2)对于长度较短或不便于两顶针装夹的偏心工件可在四爪卡盘上用校正偏心中心线的方法加工。缺点是每次都要校正。

(3)在双重卡爪上车削偏心工件,用四爪卡盘和三爪卡盘相结合的方法,即四爪卡盘利用四爪卡盘调整偏心距,工件夹在三爪卡盘上。优点是加工时只需校正好第一个工件,不需要再划线,适合批量加工;缺点是刚性较差,切削用量只能选择较低。

(4)在三爪卡盘上的一个卡爪上加垫块的方式,使工件产生偏心来车偏心工件。垫块需要计算,公式如下:

$$t=\frac{1}{2}(\sqrt{3e+d^2-3e^2}-d)$$

式中:t—垫块厚度,e—偏心距;d—工件直径。

简易公式

$t=1.5e+k$(修正值)

k 为实际测量后的修正值

(5)在专用夹具上车偏心工件,如偏心卡盘、偏心套、偏心轴等。

二、偏心工件的检验方法

(1)对两端有中心孔的偏心轴,在两顶针间用百分表来测量,转动偏心轴百分表指针的最大值和最小值之差的一半就是偏心距。

(2)偏心套的偏心距也可用类似的方法测量,但必须将偏心套套在心轴上,然后在两顶尖之间测量。

(3)对偏心距较大的工件,可用间接测量法。测量时把 V 型铁放在平台上,把工件放在 V 型铁中,用百分表找出高点,再将百分表水平移动,测出偏心轴外圆到基准轴外圆之间的距离。

三、偏心工件的加工注意事项

(1)车刀必须对准工件旋转中心,避免产生双曲线(母线不直)误差。

(2)车刀刀刃要始终保持锋利,工件表面应一刀车出。

(3)应两手握小滑板手柄,均匀移动小滑板。

(4)粗车时,进刀量不宜过大,应先找正锥度,以防工件车小而报废。

(5)在转动小滑板不宜过松,以防工件表面车削痕迹粗细不一。

(6)当车刀在中途刃磨以后装夹时,必须重新调整,使刀尖严格对准工件中心。

第二篇　技能篇

第3章　轴类零件的车削

第1节　认识轴类零件

一、轴类零件的基本特点

轴是指圆柱形的外表面,也包括非圆柱形外表面,其特点是装配后轴是被包容面,加工过程中零件的实体材料变少,尺寸也由大变小。轴类零件是机器中最常见、应用最广泛的零件之一,包括圆柱表面、台阶、端面、沟槽、倒角、螺纹等部分。

轴类零件有光轴(图 3-1(a))、曲轴(图 3-1(b))、偏心轴(图 3-1(c))、台阶轴、空心轴、传动轴、心轴、转轴等类型,其作用主要有连接、支承传动工件、传递运动和转矩、轴向定位等。

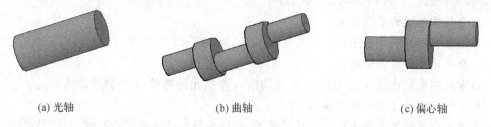

(a) 光轴　　　　　　　　(b) 曲轴　　　　　　　　(c) 偏心轴

图 3-1　轴的类型

轴类零件的技术要求包括尺寸精度、形位精度、表面轮廓要求和热处理要求等。

二、识读轴类零件图

零件图是制造和检验零件的依据,是反映零件结构、大小及技术要求的载体。读零件图的目的就是根据零件图想象零件的结构形状,了解零件的尺寸和技术要求。首先要读懂零件图,才能够加工出合格的零件。

车工通过读零件图了解零件的名称、材料和它在机器或部件中的作用,经过对零件各组成部分的结构形状与相对位置的分析,建立起一个完整的、具体的零件形状概况,根据零件的复杂程度、精度高低和技术要求,确定零件的加工工艺过程。下面以图 3-2 为例简要介绍轴类零件图样识读的有关常识。

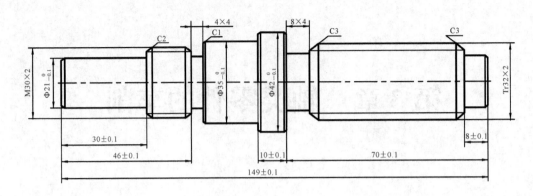

技术要求：1. 按要求达图
          2. 未注倒角C1
          3. 全部表面粗糙度Ra3.2

图 3-2 轴类零件图

读轴类零件图的方法和步骤如下：

1. 了解零件概况

从标题栏中了解零件的名称、材料和数量等，并结合视图初步了解该零件的大致形状和主要轮廓尺寸。例如从图 3-2 的标题栏可知，该零件是轴类零件，材料是 45 号钢，数量一件，零件的轮廓尺寸为 $\phi42 \times 149 \pm 0.1$mm。

2. 分析零件图的表达方式

该零件只用了一个视图。

3. 分析零件的结构形状

该零件结构形状是：6 个台阶、2 个外沟槽、1 个三角形螺纹、1 个梯形螺纹。

4. 分析零件的尺寸和技术要求

首先找出零件各方向上标注尺寸的基准，然后分析各部分的定型尺寸、定位尺寸和零件的总体尺寸，了解表面的尺寸公差、形位公差及表面粗糙度，最后了解热处理要求等。

(1)轴向尺寸：149 ± 0.1mm，70 ± 0.1mm，10 ± 0.1mm，46 ± 0.1mm，30 ± 0.1mm，槽宽 8mm 深 4mm，槽宽 4mm 深 4mm。

(2)径向尺寸：$\phi21$mm，$Tr32 \times 2$，$\phi42$mm，$\phi35$mm，$M30 \times 2$mm，$\phi21$mm

(3)尺寸公差：轴向尺寸均为 ± 0.1mm，对称公差要求；径向尺寸上偏差均为 0，下偏差为 -0.1mm。

(4)形位公差：无。

(5)表面粗糙度要求：全部表面粗糙度为 $Ra3.2$。

(6)技术要求：热处理为调质。

(7)其他要求：除两螺纹处倒角为 $C2$(即：$2 \times 45°$)，其余均为 $C1$(即：$1 \times 45°$)。

轴类零件图识读结果如表 3-1、表 3-2 所示。

表 3-1　对零件图 2-2 图的识读

零件基本情况	名称	毛坯尺寸	数量	材质
	轴类零件	ø45×155mm	1	♯45

分析内容	具体情况
零件结构	6 个台阶、2 个外沟槽、1 个三角形螺纹、1 个梯形螺纹。
尺寸精度	轴向尺寸均为±0.1mm,对称公差要求;径向尺寸上偏差均为 0,下偏差为 −0.1mm。
形位精度	无要求
表面粗糙度	全部表面粗糙度为 $Ra3.2$
热处理要求	调质
其他要求	除两螺纹处倒角为 $C2$(即:$2×45°$),其余均为 $C1$(即:$1×45°$)

表 3-2　零件图 2-2 中尺寸标注与代号的含义

项目	代号	含义	说明
尺寸标注	$149±0.1$	尺寸控制在 148.9~149.1mm 之间为合格	上偏差为 +0.1mm 下偏差为 −0.1mm,上、下偏差限定了零件加工尺寸的允许变动范围
	$70±0.1$	尺寸控制在 69.9~70.1mm 之间为合格	上偏差为 +0.1mm 下偏差为 −0.1mm,上、下偏差限定了零件加工尺寸的允许变动范围
	$10±0.1$	尺寸控制在 9.9~10.1mm 之间为合格	上偏差为 +0.1mm 下偏差为 −0.1mm,上、下偏差限定了零件加工尺寸的允许变动范围
	$46±0.1$	尺寸控制在 45.9~46.1mm 之间为合格	上偏差为 +0.1mm 下偏差为 −0.1mm,上、下偏差限定了零件加工尺寸的允许变动范围
	$30±0.1$	尺寸控制在 29.9~30.1mm 之间为合格	上偏差为 +0.1mm 下偏差为 −0.1mm,上、下偏差限定了零件加工尺寸的允许变动范围
	$ø21^{0}_{-0.1}$	尺寸控制在 19.9~20.mm 之间为合格	上偏差为 0mm 下偏差为 −0.1mm,上、下偏差限定了零件加工尺寸的允许变动范围
	$8×4$	外沟槽 槽宽为 8mm,槽深为 4mm	自由公差
	$4×4$	外沟槽 槽宽为 4mm,槽深为 4mm	自由公差
	$Tr32×2$	梯形螺纹 公称直径为 32mm,螺距为 2mm	自由公差
	$M30×2mm$	梯形螺纹 公称直径为 30mm,螺距为 2mm	自由公差
表面粗糙度	$\sqrt{Ra3.2}$	各加工表面粗糙度要求 $Ra3.2$	

三、轴类零件车削加工典型工艺

轴类零件加工的主要工艺问题是如何保证各加工表面的尺寸精度、表面粗糙度和主要表面之间的相互位置精度。

对普通精度的轴类零件加工的典型工艺路线如图 3-3 所示。

图 3-3　轴类零件加工的典型工艺路线

轴类零件的预加工是指加工的准备工序，即车削外圆之前的工艺，包括校正、切断、切端面和钻中心孔。

校正是因为毛坯在制造、运输和保管过程中，常会发生弯曲变形。为保证加工余量的均匀及装夹可靠，一般冷态下在各种压力机或校值机上进行校正。

第 2 节　阶梯轴零件的车削

一、零件图结构分析

阶梯轴的车削工艺是一种典型的轴类零件加工工艺，反映了轴类零件加工的大部分内容与基本规律。

图 3-4 为某阶梯轴的零件图，该零件的结构具有如下特点：从形状上看，该轴为多阶梯结构的实心轴；从长度与直径之比看，该工件属于刚性轴；从表面加工类型看，外圆表面有圆柱面、退刀槽、端面、倒角、台阶、螺纹及键槽等。

二、技术要求分析

阶梯轴的技术要求是根据其功用和工作条件制订的。

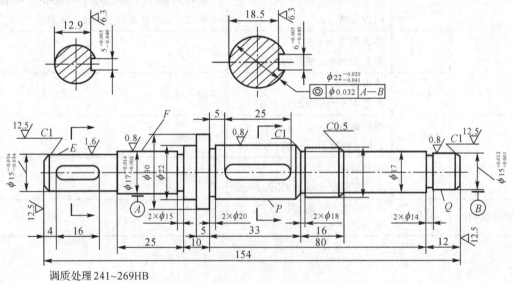

调质处理 241~269HB

图 3-4　某阶梯轴的零件图

（1）尺寸精度和形状精度：配合轴颈尺寸公差等级通常为 IT8～IT6，该轴配合轴颈两处为 IT7；支承轴颈一般为 IT7～IT6，精密的为 IT5，该轴支承轴颈 ø17mm 及 ø15mm 为 IT6；轴颈的形状精度（圆度、圆柱度）要求限制在直径公差范围之内，要求较高的应标注在零件图上，该轴形状公差均未注出。

（2）位置精度：配合轴颈对支承轴颈一般有径向圆跳动或同轴度要求，装配定位用的轴肩对支承轴颈一般有端面圆跳动或垂直度要求。径向圆跳动和端面圆跳动公差通常为 0.01～0.03mm，高精度轴为 0.001～0.005mm，该轴有一个同轴度要求，其值为 0.032mm。

（3）表面粗糙度：轴颈的表面粗糙度值 Ra 应与尺寸公差等级相适应。公差等级为 IT5 的 Ra 值为 $0.4～0.2\mu m$；公差等级为 IT6 的 Ra 值为 $0.8～0.4\mu m$；公差等级为 IT8～IT7 的 Ra 值为 $0.8～0.6\mu m$。装配定位用的轴肩 Ra 值通常为 $1.6～0.8\mu m$。非配合的次要表面 Ra 值常取 $6.3\mu m$。该轴的两支承表面及 ø22 配合表面为 $0.8\mu m$，ø15 配合表面为 $1.6\mu m$，键槽底孔为 $6.3\mu m$，其余为 $12.5\mu m$。

（4）热处理：轴的热处理要根据其材料和使用要求确定，对于传动轴，正火、调质和表面淬火用得较多。该轴要求调质处理。

三、工艺路线拟定

1. 阶梯轴的加工工艺过程

该阶梯轴的材料为 40Cr 钢，因为各外圆直径相差不大，且属单件生产，故毛坯可选择 ø35mm 的圆钢棒料。工件首先车削成形，对于精度较高、表面粗糙度值 Ra 较小的外圆，在车削后还应磨削加工。车削和磨削时以两端的中心孔作为定位精基准。

要求不高的外圆在半精车时加工到规定尺寸；退刀槽、倒角和螺纹在半精车时加工；键槽在半精车之后进行划线及铣削；调质处理安排在粗车和半精车之间，调质后要修研一次中心孔，以消除热处理变形和氧化皮；在磨削之前，一般还应修研一次中心孔，进一步提高定位精基准的精度。

综上所述，阶梯轴的工艺过程如下：

下料→车两端面，钻中心孔→粗车各外圆→调质→修研中心孔→半精车各外圆，切槽，倒角→车螺纹→划键槽加工线→铣键槽→修研中心孔→磨削→检验。

其工艺过程如表 3-3 所示。

表 3-3　某阶梯轴的工艺过程卡片

工序号	工种	工序内容	加工简图	设备
1	下料	ø35×160		锯床
2	车	车端面见平，钻中心孔；调头，车另一端面，保证总长 154，钻中心孔		车床

续表 3-3

工序号	工种	工序内容	加工简图	设备
3	车	粗车四个台阶,直径上均留余量3,调头,车另一端四个台阶直径,均留加工余量3	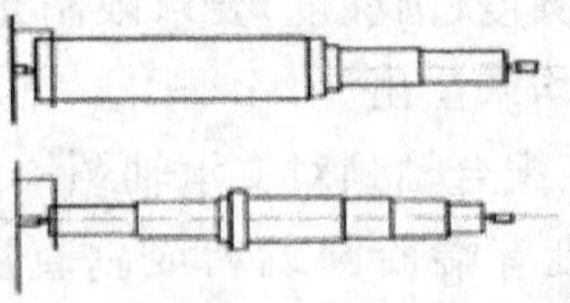	车床
4	热	调质,241~269HB		
5	钳	修研两端中心孔	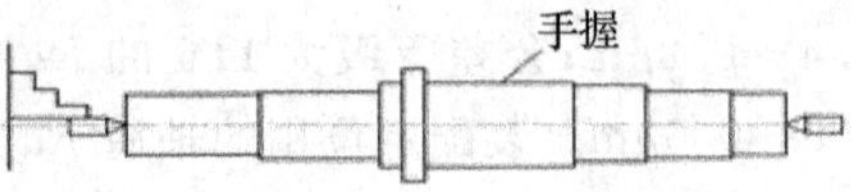 手握	立铣床
6	钳	划两个键槽加工线		
7	铣	铣两个键槽,平口钳装夹	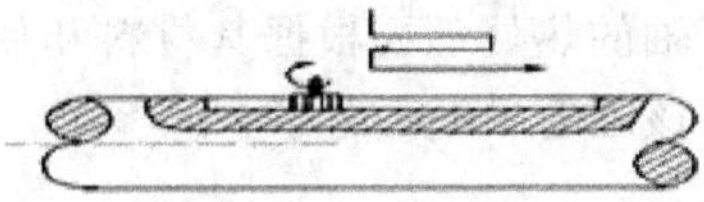	立铣床
8	钳	修研两端中心孔	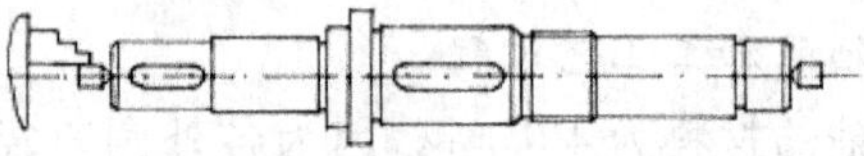	车床
9	磨	磨外圆 E、F 到图样规定尺寸;调头,磨外圆 P、Q 到图样规定尺寸	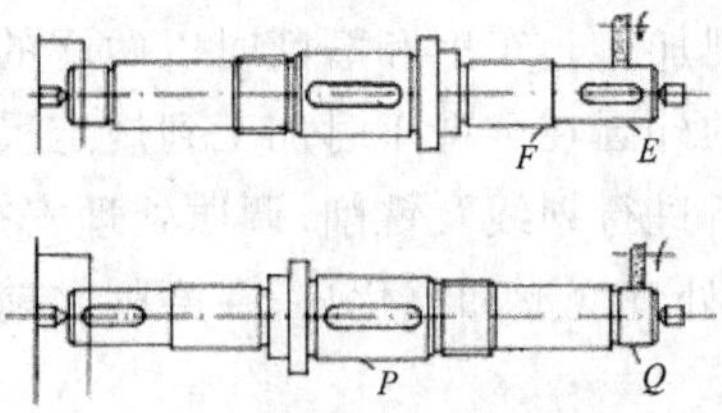	外圆磨床
10	检	检验	按图样技术要求项目检验	

第 3 节　齿轮轴的车削

一、零件图结构分析

　　图 3-5 所示为大批量生产的齿轮轴零件图。该轴上有台阶、外圆柱面、退刀槽、倒角、齿轮、键槽、螺纹等表面,是一根实心刚性轴。

模数	m	2
齿数	z	31
齿形角	α	20°
公法线长度	W_k	$21.53^{-0.123}_{-0.403}$
跨齿数	k	4
精度等级		9

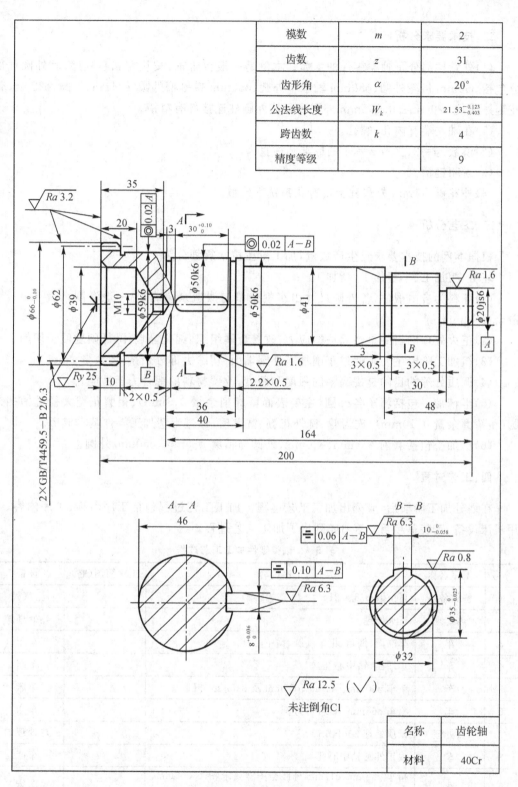

名称	齿轮轴
材料	40Cr

图 3-5　齿轮轴零件

二、技术要求分析

(1)外圆柱部分是轴类零件的主体。本例是一根台阶轴,按从左到右顺序,其外圆柱部分包括 ø66mm 齿轮外圆、ø39mm 轴承档外圆、ø50mm 带键槽外圆、ø41mm 外圆、ø32mm 带花键外圆及 ø20mm±0.008mm 外圆。各档外圆柱连接部有窄槽。

(1)在轴左端有内孔、螺孔。

(2)模数 m=2、齿数 z=31 的标准圆柱直齿。

(3)封闭键槽。

(4)外花键,41mm 外圆柱上留有花键铣削残痕。

三、工艺分析

根据本例的技术要求及生产数量,加工阶段按常规划分为:

坯料、粗加工、半精加工、精加工。

(1)坯料为自由锻件,各外圆尺寸由车削余量与锻造余量确定,一般车削余量 6mm,锻造余量 10mm。

(2)正火处理的目的是消除锻造应力、改善金属组织、细化晶粒、降低硬度便于切削。

(3)粗加工阶段主要是通过车削加工外圆端面,切除大部分余量,留余量 2mm。

(4)调质处理的目的是提高轴的强度和硬度,改善材料的综合力学性能。

(5)半精加工包括精车各外圆(主要表面留磨削余量 0.3mm)、粗磨花键大径键槽档外圆(留精磨余量 0.10mm)、铣齿轮、铣外花键、铣键槽,经过半精加工零件基本成形。

(6)精加工包括磨削 ø55mm、ø20mm、外圆与精磨 ø35mm、ø50mm 外圆。

四、工艺过程

在划分加工阶段后,应列出加工工艺过程。加工工艺过程包括工序名称、工序内容、选用机床设备、工装等项目。表3-4 列出了加工工艺过程。

表 3-4　轴类零件加工工艺过程

序号	工序名称	工序内容	工序简图(略)	设备
1	整体备料	自由锻 ø78×214		空气锤
2	热处理	正火处理		热处理炉
3	车	车端面、倒角、粗车外圆、钻中心孔		车床
4	车	车端面、钻中心孔		车床
5	车	粗车 ø50mm、ø41mm、ø35mm 及 ø20mm 外圆		车床
6	车	粗车 ø66mm、ø55mm 外圆		车床
7	热处理	调质处理 236HBS		热处理炉
8	车	找正外圆钻中心孔		车床
9	车	精车 ø66mm、ø41mm 外圆至图样要求精车 ø55mm、ø50mm、ø35mm 及 ø20mm 外圆		车床
10	磨	粗磨 ø55mm、ø35mm 外圆		磨床

续表

序号	工序名称	工序内容	工序简图（略）	设备
11	铣	铣齿		铣床
12	铣	铣花键		铣床
13	铣	铣键槽		铣床
14	钳			
15	磨	精磨 ø55mm、ø50mm、ø35mm 及 ø20mm 外圆至图样要求		磨床
16	车	车 ø39mm 孔、钻 M10－7G 螺纹底孔		车床
17	钳	攻 M10－7G 内螺纹		
18	清洗			
19	检验			
20	上油入库			

第4节　三角螺纹轴的车削

一、零件图分析

如图 3-6 所示的三角螺纹轴,台阶轴各处外圆的尺寸公差为 0.02mm,切槽处尺寸公差为 0.1mm,工件的总长为 167 ± 0.1mm,倒角 C1、C2;切槽处的表面粗糙度为 $Ra3.2\mu$m,其余外圆表面的表面粗糙度为 $Ra1.6\mu$m。

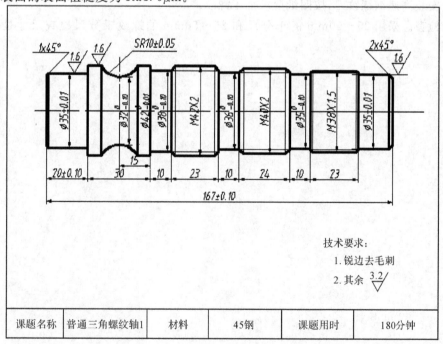

图 3-6　三角螺纹轴

二、确定装夹方案

本零件采用一顶一夹的方式进行定位和装夹。为了避免过定位引起定位误差,装夹部分不宜过长。工件装夹过程中应对工件进行找正,以保证各项形位公差。

三、选择刀具

本任务中需要选用的刀具有:90°外圆车刀,45°车刀,3mm 切槽刀、中心钻、三角螺纹刀以及圆弧刀。

四、加工步骤

(1)采用一夹一顶方式装夹,夹 ø38mm 处,粗车右端至 ø43×108mm,(用 45°车刀)倒角 C1。

(2)调头装夹 ø43mm 处伸出 60,校正夹紧,粗车外圆 ø35mm 至 ø35.8×20mm,ø42mm 至 ø42.8×50mm,(用 90°粗车刀)。

(3)精车外圆 ø42mm,ø35mm,至尺寸要求(用 90°外圆精车刀)调整车床主轴转速为 1000 r/min,进给量 0.08mm/r。表面粗糙度达到 $Ra1.6\mu m$。倒角(用 45°车刀)倒角 C1。

(4)用双手控制法车削圆弧 SR10。

(5)调头采用一夹一顶方式装夹,夹 ø35mm 处,粗车 ø42mm,ø40mm,ø38mm,ø35mm,精车至尺寸要求,倒角(用 45°车刀)倒角 C2

(6)装夹 3mm 宽的高速钢切槽刀,调整车床主轴转速为 200 r/min,进给量 0.12mm/r。切槽至 ø38×10mm,ø36×10mm,ø35×10mm。倒角(用 45°车刀)倒角 C1,倒锐角 0.3。

(7)安装高速钢螺纹刀,按图纸要求加工螺纹。

(8)检查。采用 25～50mm 的千分尺和 25～50mm 的螺纹千分尺检查尺寸是否达到要求。

第4章　盘套类零件的车削

第1节　套筒零件典型加工工艺

一、套类零件的工艺要求

套类零件一般会有如下的精度要求：

(1)尺寸精度。指套的尺寸按用途不同达到不同的要求。

(2)形状精度。指套的外圆及内孔表面的圆度、圆柱度等。

(3)位置精度。指套的各表面之间的互相位置精度、如径向圆跳动、同轴度及垂直度等。

(4)表面粗糙度。指套筒各表面应达到设计的表面粗糙度。

套筒零件由于功用、结构形状、材料、热处理以及尺寸不同，其工艺差别很大。但大多数套筒零件加工的关键都是围绕如何保证内孔与外圆表面的同轴度、端面与其轴线的垂直度、相应的尺寸精度、形状精度和套筒零件的厚度薄易变形的工艺特点来进行的。

(1)当套筒零件的内孔是最重要的加工表面时，其典型加工工艺为：

　　　　　粗加工内孔→粗、精加工外圆→最终加工内孔

(2)当套筒零件的外圆是最重要的加工表面时，其典型加工工艺为：

　　　　　粗加工外圆→粗、精加工内孔→最终加工外圆

二、套类零件在车床上的加工方法

套类零件孔的加工根据使用的刀具不同，可分为钻孔(包括钻孔、锪孔、钻中心孔)、车孔和铰孔等。

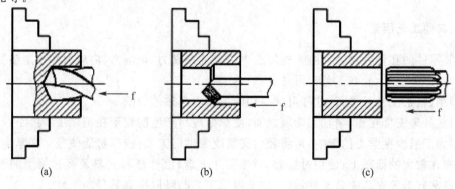

(a)　　　　　　　　　　　(b)　　　　　　　　　　　(c)

图 4-1　孔的加工方法

钻孔是低精度孔的成形加工方法,也常用于车孔前的粗加工(图 4-1(a))。车孔是应用较为广泛的一种孔的加工方法,车孔可作为铰孔前的半精加工,也可在单件小批生产中对尺寸较大的高精度孔作精加工(图 4-1(b)),因此车孔经常是高精度孔加工的重要手段。铰孔在大批量生产中用于对尺寸不大的高精度孔作精加工(图 4-1(c))。

三、套类零件的装夹

由于套筒零件的主要位置精度是内外表面之间的同轴度以及端面与孔轴线的垂直度要求,为保证精度要求,尽可能在一次装夹中完成内外表面及端面的全部加工,这样可消除工件的装夹误差而获得较高的相互位置精度。这种方法不存在因装夹而产生的定位误差,如果车床精度较高,可获得较高的形位公差精度。但采用这种方法车削时,需要经常转换刀架。车削如图 4-2 所示的工件,可轮流使用 90°车刀、45°车刀、麻花钻、铰刀和切断刀等刀具加工。

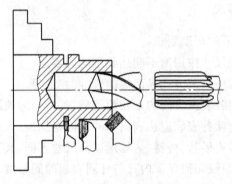

图 4-2 在一次装夹中完成

套类零件常见的定位方法有:

(1)以外圆为基准保证位置精度

在加工外圆直径很大、内孔直径较小、定位长度较短的工件时,多以外圆为基准来保证工件的位置精度。

(2)以内孔为基准保证位置精度

车削中小型的轴套、带轮和齿轮等工件时,一般可用已加工好的内孔为定位基准,并根据内孔配置一根合适的心轴,再将套装工件心轴支顶在车床上,精加工套类工件的外圆、端面等。

四、其他工艺因素

套筒零件的孔壁较薄、刚性差,在加工中因受到夹紧力、切削力、内应力和切削热等因素的影响,易产生变形,故在工艺上可考虑:

(1)粗、精加工分开进行,这样可减少切削力和切削热的影响。

(2)热处理安排在粗、精加工阶段之间,使热处理后产生的变形在精加工中给予纠正。

(3)为了减少夹紧力的影响,可将径向夹紧改为轴向夹紧;或尽可能使径向夹紧力均匀,使其分布在较大的面积上;使用过渡套、弹性膜片卡盘、液性塑料夹具及经过修磨的三爪自定心卡盘和软爪等夹具夹紧工件;在工件上做出工艺凸缘以提高其径向刚性。

第2节　带肩导套的车削

粗车图 4-3 所示的带肩导套。已知毛坯为 ø90×27mm 的棒料,材料为 45 号钢。要求正确分析加工工艺并完成带肩导套的粗车加工。

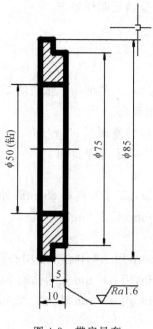

图 4-3　带肩导套

一、工艺分析

1. 分析零件图

如图 4-3 所示的套类零件。该零件中需要进加工的面有:ø75mm 的台阶面、ø85mm 的外圆面、两个端面以及内孔面。其中两个端面有要求粗糙度不大于 $Ra1.6\mu m$。

2. 确定装夹方案

零件的毛坯为 ø90×27mm 的棒料,采用三爪自定心卡盘进行装夹。伸出卡盘长度在 14mm 左右,校正后夹紧。

3. 选择刀具及切削用量

在本任务中有钻孔和扩孔的工序,除了选择 90°的外圆车刀和 45°倒角刀外,还需 A3 中心钻,ø30mm 钻头、ø50mm 钻头以及 4mm 宽切断刀。

在钻孔和扩孔的时候要特别注意主轴转速的选择,钻孔和扩孔时的切削量较大,所以应该选择较小的主轴转速。

4. 确定加工方案

按照先粗后精、先近后远的加工原则确定加工顺序。

工步一:粗车削端面。

工步二:钻中心孔,钻、扩孔。

工步三:精车端面。

工步四:粗车 ⌀85mm 外圆面。

工步五:粗车 ⌀75mm 台阶面。

工步六:精车 ⌀75mm 台阶面至图样要求。

工步七:精车 ⌀85mm 台阶面至图样要求。

工步八:倒角,切断。

工步九:调头装夹,车削端面至满足图样要求。

二、加工步骤

1. 右端面的粗加工

(1)用三爪自定心卡盘夹住毛坯,工件伸出卡爪长度 14mm,用钢直尺测量,装夹时需找正工件的轴线,使其与主轴轴线相重合。

(2)调整主轴转速手柄,将主轴转速调至 800r/min。

(3)操纵手柄,用 90°车刀粗车端面,车平即可。

2. 粗车外圆和台阶面

(1)调整主轴转速为 560r/min,90°车刀粗车 ⌀85mm 外圆至 ⌀86mm,长度 11.5mm。

(2)粗车 ⌀75mm 外圆至 ⌀76mm,长度 5mm。

3. 钻扩孔

(1)调整主轴转速为 1250r/min,用 A3 中心钻钻中心孔。

(2)调整主轴转速为 355r/min,用 ⌀30mm 钻头钻通 ⌀30mm 底孔。

(3)调整主轴转速为 280r/min,用 ⌀50mm 钻头扩 ⌀50mm 通孔。

4. 右端面的精加工

(1)调整主轴转速为 1000r/min,90°车刀精车右端面,保证粗糙度要求。

5. 精车外圆和台阶面

(1)90°车刀精车 ⌀75mm 外圆至图样要求。

(2)精车 ⌀85mm 外圆至图样要求。

6. 切断

调整主轴转速为 355r/min,用 4mm 宽切断刀切断。

7. 精车另一端面

(1)调头装夹,用三爪卡盘配软卡爪夹住 ⌀75mm 台阶面。

(2)调整主轴转速为 1000r/min,精车端面至满足图样要求

8. 拆卸工件,质量检查

(1)检查各部分的尺寸和表面的质量是否达到标注要求。

(2)整理工量具和刀具,清理卫生。

第 3 节　凹凸模固定板的车削

一、分析零件图

如图 4-4 所示的凹凸模固定板,本任务需要对 ⌀100×25mm 的棒料进行车削加工。图

中需要进行车削加工的面有:两个端面、ø99mm 的外圆面、ø52mm 的通孔、ø61mm 的台阶孔。其中两个端面有垂直度要求并且要求左端面的表面粗糙度不大于 $Ra1.6$mm;ø52mm 的通孔有尺寸精度要求并也要求表面粗糙度不大于 $Ra1.6$mm。

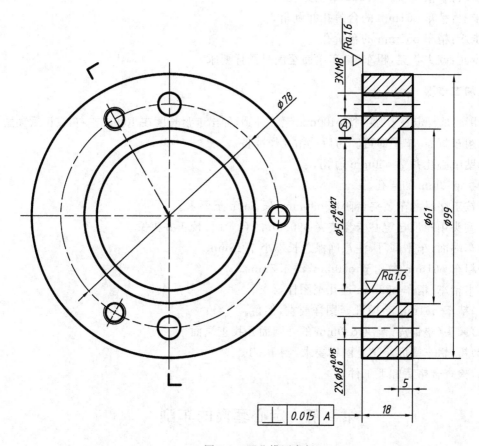

图 4-4　凹凸模固定板

(注:为简便起见,本例中没有考虑图中 M8 的螺纹孔和 ø8mm 的通孔。)

二、确定装夹方案

零件的毛坯为 ø100mm 的棒料,采用三爪自定心卡盘进行装夹。

三、选择刀具

本任务中需要选用的刀具有:90°外圆车刀,A3 中心钻,ø30 麻花钻,ø50 麻花钻,90°内孔车刀,45°内倒角刀,45°端面车刀以及 45°外倒角刀。

四、确定加工方案

按照先粗后精、先近后远的加工原则确定加工顺序。

工步一:粗车削右端面。

工步二:钻、扩 ø52mm 的通孔。

工步三:车装夹台阶面。

工步四:调头装夹,粗车另一个端面。

工步五:粗车 ø61mm 的台阶孔。

工步六:半精车、精车 ø52mm 的通孔。

工步七:精车 ø61mm 的台阶孔并倒角。

工步八:精车 ø61mm 的台阶孔。

工步九:调头装夹,粗车,精车端面至满足图样要求。

五、加工步骤

(1)用三爪自定心卡盘夹持 ø100mm 毛坯外圆,伸出卡盘长度在 10mm 左右,校正后夹紧。

(2)粗车端面,车平即可。为后续钻孔作准备。

(3)钻中心孔并钻 ø30mm 通孔。

(4)扩 ø50mm 的通孔。

(5)按工序尺寸车装夹台阶面 ø90mm,长 5mm 至要求。

(6)调头用三爪自定心卡盘装夹 ø90mm 的台阶面,校正并夹紧。

(7)车端面,车平即可,注意确保总长不小于 18mm。

(8)粗车 ø61mm 内孔至 ø60mm,深 4.5mm。

(9)半精车、精车 ø52mm 通孔至图样要求。

(10)精车 ø61mm 台阶孔至图样要求,倒角。

(11)调头(垫铜皮)装夹 ø99mm 的外圆面并找正端面

(12)粗、精车端面至满足图样要求,倒角 C1。

(13)检查合格后卸下工件。

第4节 定心套筒的车削

一、零件图分析

如图 4-5 所示套筒零件,是水平转盘的定心零件。其中 ø40m6 的外圆与转盘的盘面内孔属于过渡配合,并加平键连接实现周相固定;ø35g6 的外圆与基准件内孔采用间隙配合,以保证转盘绕基准件精确回转;螺纹用于转盘与基准件的轴向连接;ø22H7 的孔用来安装校正心轴。

(1)加工表面

所需加工的表面包括有:外圆、内孔、端面、键槽、退刀槽、螺纹及内外倒角等。

(2)技术精度要求

尺寸精度为 IT9～IT6,最高精度在 ø40mm 及 ø35mm 的两段外圆处,为 IT6 级,内孔 ø22mm 的尺寸精度为 IT7,其余尺寸未注精度。

表面粗糙度 $Ra0.8～0.2\mu m$,ø35mm 外圆处要求最高,为 $Ra0.2\mu m$,ø40mm 外圆及 ø22mm 内孔为 $Ra0.4\mu m$,ø50mm 台阶端面为 $Ra0.8\mu m$,其余为 $Ra6.3\mu m$。

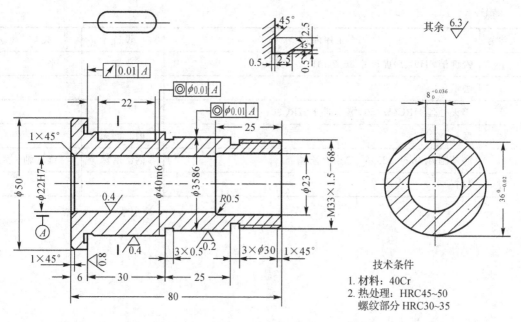

其余 $\sqrt{\dfrac{6.3}{}}$

技术条件
1. 材料：40Cr
2. 热处理：HRC45~50
   螺纹部分 HRC30~35

图 4-5 定心套筒

内外圆柱面同轴度要求均为 ø0.01mm，台阶端面对孔的端面圆跳动公差值为 0.01mm。

零件的材料为 40Cr，要求淬火处理，零件为中批生产。

二、工艺路线的拟定

根据结构及技术条件的要求，工件应以外圆表面作为最终加工工序，前一道工序以外圆定位精磨内孔。内、外圆的预备工序是粗车、半精车和淬火，键槽的加工应在淬火前、半精车后进行。

拟定的工艺路线如下：

下料→粗车端面和内孔→粗车外圆→半精车端面和内孔→半精车外圆和螺纹→键槽划线→铣键槽→去毛刺→淬火→磨孔→磨外圆并靠磨台阶端面。

其工艺过程如表 4-1 所示。

表 4-1 套筒的加工工艺过程

工序号	工序内容	设备	夹具
1	下料：ø55×90 的热轧圆钢	锯床	
2	粗车两端面并保证全长 82，钻、镗孔至 ø20	车床	三爪卡盘
3	粗车各段外圆，直径上均留余量 2	车床	心轴
4	半精车端面，镗孔至 ø21.6H11，孔口倒角，车另一端面保证全长 80，镗孔 ø23×25	车床	三爪卡盘
5	半精车两段外圆至 ø40.4h6 和 ø35.4 h6，切槽，车螺纹	车床	心轴
6	键槽划线		

续表 4-1

工序号	工序内容	设备	夹具
7	铣键槽 8H9 、深度尺寸 36.2 M11	立铣	平口钳
8	去毛刺		
9	淬火处理 HRC45～50,螺纹部分 HRC30～35		
10	磨孔 ø22H7	内圆磨床	
11	磨外圆 ø40m6 、ø35g6 、靠磨台阶端面	内圆磨床	锥心轴
12	检查		

第5章 拓展训练

第1节 台阶轴零件的车削加工

车削加工如图 5-1 所示的台阶轴零件。已知毛坯为 ø 45×170mm 的棒料,材料为 45号钢。要求制定加工工艺并进行车削加工。注:图中直径为 ø11mm 孔以及 2mm 的矩形槽,为简便起见,在本例中不予考虑。

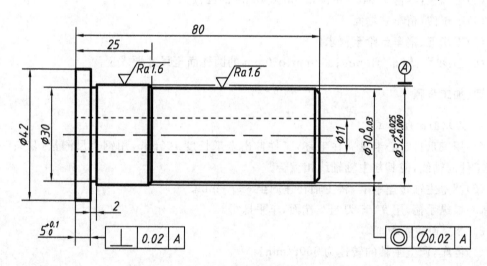

图 5-1　模具模柄零件图

一、零件图分析

图 5-1 所示为台阶轴零件,相比于光轴,其的形状和结构尺寸要稍微复杂一些。该零件共有三个台阶面,其径向尺寸从左向右依次是 ø42mm、ø32mm、ø30mm。其中 ø32mm 和 ø30mm 台阶面有同轴度的要求,且表面粗糙度要求不大于 $Ra1.6$mm,尺寸精度要求也较高。ø42mm 台阶面的两端面有垂直度要求。另外要求其他加工面的粗糙度值不大于 $Ra3.2$mm。

注:为简便起见,本例没有考虑图中直径为 ø11mm 孔以及 2mm 的矩形槽的加工。

二、确定装夹方案

零件的毛坯为ø45mm的棒料,采用三爪自定心卡盘进行装夹。毛坯的长度远远大于零件的长度,为了便于装夹找正,毛坯的夹持部分可以适当加大。

三、选择刀具及切削用量

在本任务中需要进行车端面和台阶面,所以我们选择90°的外圆车刀。在粗车削右端面时,选择主轴的转速为890r/min;在精车端面时,选择主轴转速为1120r/mim;在粗车和半精车台阶面的时,背吃刀量和进给量比较大,所以选择主轴的转速为560r/min;在精车台阶面时,选择主轴转速为960r/min,背吃刀量和进给量相应减小。

四、确定加工方案

按照先粗后精、先近后远的加工原则确定加工顺序

(1)工步一:粗车削右端面。

(2)工步二:粗车ø40mm、ø32mm、ø30mm的圆柱面。

(3)工步三:半精车ø40mm、ø32mm、ø30mm的圆柱面。

(4)工步四:精车右端面。

(5)工步五:精车台阶至要求。

(6)工步六:精车ø40mm、ø32mm、ø30mm的圆柱面至尺寸要求。

四、加工步骤

1. 右端面的粗加工

(1)用三爪自定心卡盘夹住毛坯,工件伸出卡爪长度100mm,用钢直尺测量,装夹时需找正工件的轴线,使其与主轴轴线相重合。

(2)调整主轴转速手柄,将主轴转速调至890r/min。

(3)操纵手柄,用90°车刀粗车端面,车平即可。

2. 台阶面的粗加工

(1)停车,调整主轴的转速为560r/min。

(2)调整车刀的背吃刀量为1.5mm,用90°车刀粗车ø40mm外圆至ø41mm,长82mm。

(3)同样选择车刀的背吃刀量为1.5mm,用90°车刀粗车ø32mm外圆至ø35mm,长75mm,该操作需要进刀两次。

(4)同样选择车刀的背吃刀量为1.5mm,用90°车刀粗车ø30mm外圆至ø32mm,长55mm。

3. 台阶面的半精加工

(1)主轴转速保持不变,用90°车刀半精车ø40mm外圆至ø40.5mm,长82mm。

(2)用90°车刀半精车ø32mm外圆至ø32.5mm,长75mm。

(3)用90°车刀半精车ø30mm外圆至ø30.5mm,长55mm。

4. 右端面的精加工

(1)停车,调整主轴转速为1120r/min。

(2)用90°车刀精车右端面,保证粗糙度要求。

5. 台阶的精加工

(1)停车,调整主轴转速为960r/min。

(2)用90°车刀精车 ø40mm 台阶至要求,长 75mm。

(3)用90°车刀精车 ø32mm 台阶至要求,长 20mm。

6. 台阶面的精加工

(1)主轴转速960r/min 保持不变,用90°车刀半精车 ø40mm 外圆至尺寸要求。

(2)用90°车刀半精车 ø32mm 外圆至尺寸要求。

(3)用90°车刀半精车 ø30mm 外圆至尺寸要求。

7. 拆卸工件,质量检查

(1)检查各部分的尺寸和表面的质量是否达到标注要求。

(2)整理工量具和刀具,清理卫生。

第2节　加工外圆锥

分析如图 5-2 所示零件图进行螺纹车削的加工工艺过程,并进行车削实训。

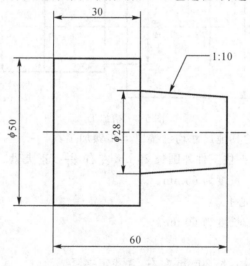

图 5-2　阶梯轴零件图

加工步骤:

(1)用三爪联动卡盘夹住工件外圆长 20 mm 左右,并找正夹紧。

(2)粗车平面及外圆 ø51mm,长度为 36 mm。

(3)在端面上加工中心孔。

(4)精车平面及外圆 ø50±0.50 mm,长度为 36 mm。

(5)修正中心孔。

(6)调头夹住外圆 ø50 mm 一端,长 20 mm 左右,找正夹紧。

(7)粗车平面及外圆 ø30 mm,长度为 30 mm。

(8)在端面上加工中心孔。

(9)精车平面及外圆 ø28±0.50 mm,长度为 30 mm,60 mm。

(10)修正中心孔。

(11)逆时针扳转小滑板 2°51′45″。

(12)对刀后用手动摇动小滑板进给,控制尺寸 ø28 mm,30 mm 和 60 mm。

(13)用角度尺检查。

(14)去毛刺。

第3节 槽加工和切断

分析如图 5-3 进行槽加工和切断的加工工艺过程,并进行车削实训。

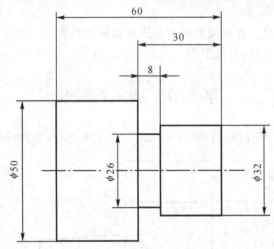

图 5-3 槽加工

该工件除了槽以外的其他尺寸均已按以下步骤加工:

(1)用三爪联动卡盘夹住工件外圆长 20mm 左右,并找正夹紧。

(2)粗车平面及外圆,长度为 60mm。

(3)在端面上加工中心孔。

(4)精车平面及外圆,长度为 60mm。

(5)修正中心孔。

(6)调头夹住外圆一端,长 20mm 左右,并找正夹紧。

(7)粗车平面及外圆,长度为 30mm。

(8)在端面上加工中心孔。

(9)精车平面及外圆,长度为 30mm。

(10)修正中心孔。

槽的加工步骤:

(1)用三爪联动卡盘夹住工件的外圆长 20mm 左右,并找正夹紧。

(2)找正。

(3)用宽度为 4mm 的切刀在工件上把 8mm 的槽切出,长度尺寸用钢直尺和游标卡尺测量。

第 4 节　车三角形外螺纹

分析如图 5-4 所示零件图进行三角螺纹车削的加工工艺过程,并进行车削实训。

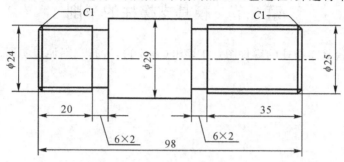

图 5-4　三角螺纹车削零件图

车削步骤:

(1)夹毛坯外圆,车端面及外圆 ø29mm 至尺寸。车 ø25mm(−0.2mm 左右),长大于 35mm,用切槽刀车退刀槽 6×2,并倒角。

(2)粗、精车螺纹 M25×2mm 长 35mm 至尺寸要求。

(3)调头装夹 ø29mm 外圆处,车端面,保证总长尺寸98mm,并倒角。

(4)车槽 ø24mm(−0.2mm)长大于 20mm,车退刀槽 6×2mm。

(5)粗、精车螺纹 M24 长 20mm 至尺寸要求。

(6)检查螺纹。

第 5 节　车三角形内螺纹

分析如图 5-5 所示两件螺纹套的加工工艺过程,并进行车削实训。

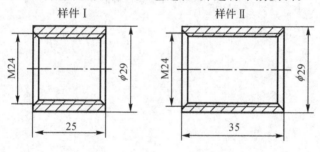

全部倒角1.5×45°

图 5-5　螺纹套图样

车削步骤:

(1)夹毛坯外圆,车端面及外圆 ø29mm 长大于 35mm。

(2)调头装夹,车端面及外圆 ø29mm 长大于 25mm,切断保证两工件长度各为 25mm 和 35mm,并倒外角。

(3)装夹 ø29mm 处,钻孔底孔直径 ø21mm(钻另一工件底孔直径 ø23mm)。

（4）车内孔直径 ø21mm。（另一工件为 ø23mm），并倒内角 2×45°。

（5）粗、精车内螺纹 M24（M25×2）至尺寸要求。

（6）检查螺纹。

第 6 节　模具支撑柱的车削

根据图 5-6 模具支撑柱的零件图及工序卡（表 5-1），进行车削加工实训。

其余 $\sqrt{Ra6.4}$

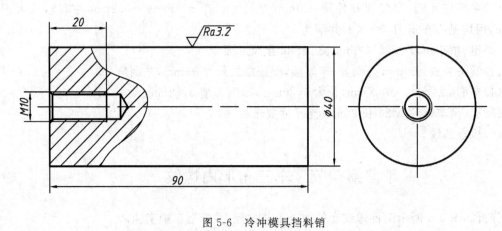

图 5-6　冷冲模具挡料销

表 5-1 冷冲模具挡料销工序卡

浙大旭日	手动车削工序卡片	产品名称	支撑柱	零(部)件名称	支撑柱	共(1)页	第(1)页
		产品型号	ZP2 ASSM-S0.5-A	零(部)件图号	25	模型文件	ZP2 ASSM-A-25.prt

车间	普车	工序号	02
毛坯种类	圆钢	毛坯外型尺寸	Ø42×190
材料牌号	45#	每毛坯件数	2
设备名称	普通车床	设备型号	CA6140
夹具	三爪自定心卡盘	装夹	夹毛坯外圆

√Ra 3.2
φ40 M10 20 93

工步号	工步内容	切削用量			计算数据		工艺装备		备注	工时定额(min)	
		ap(mm)	n(r/min)	f(mm/r)	进给长度(mm)	进给次数	刀具	量具		机动	辅助
1	手动进给粗车端面,车平即可		890		22		90°外圆车刀		1. 钻孔, 攻丝加工方法为后续讲解内容, 不作详细说明。		
2	粗车 Ø40 外圆至 Ø40.3, 长 93mm		560	0.85	95	1	90°外圆车刀	游标卡尺			
3	钻 A3 中心孔, 手动		1120		8	1	A3 中心钻				
4	钻 Ø8.5 螺纹底孔		710		25	1	Ø8.5 钻头	游标卡尺			
5	精车 Ø40 外圆至尺寸要求		1120		95	1	90°外圆车刀	游标卡尺			
6	手动攻制 M10 内螺纹						M10 丝锥				

标记	处记	更改文件号	签字	日期	编制(日期)	审核(日期)	会签(日期)

第 7 节　模具模柄的车削

根据图 5-7 锁紧螺母的零件图及工序卡（表 5-2），进行车削加工实训。

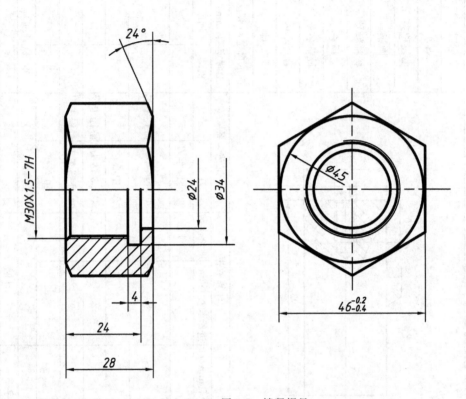

图 5-7　锁紧螺母

表 5-2　锁紧螺母精车工序卡

锁紧螺母 精车工序卡片	产品名称		产品型号		零（部）件名称	锁紧螺母	零（部）件图号		共（2）页	第（1）页
					锁紧螺母	25			模型文件	工序号
										02
									车间	毛坯外型尺寸
									普车	46 六角坯
									毛坯种类	每毛坯件数
									锻造	1
									材料牌号	设备型号
									45	CA6140
									设备名称	装夹
									普通车床	夹外六方
									夹具	备注
									三爪自定心卡盘	

工步号	工步内容	切削用量			计算数据		工艺装备		工时定额（min）		
		ap(mm)	n(r/min)	f(mm/r)	进给长度（mm）	进给次数	刀具	量具	机动	辅助	
1	车端面，保证总长 28mm	1	800	0.15	18	2	90°外圆车刀	游标卡尺			
2	车 24°楼边倒角		800			1	定角度成型刀				

			编制（日期）	审核（日期）	会签（日期）
标记	处记	更改文件号	签字	日期	

M30×1.5—7H

φ34　φ24

24°　24　28　4

125

续表 5-2

		产品名称		零(部)件名称	锁紧螺母	共(2)页	第(2)页
		产品型号		零(部)件图号		模型文件	

锁紧螺母　精车工序卡片

工步号	工步内容	切削用量			计算数据		工艺装备		工时定额(min)		备注
		ap(mm)	n(r/min)	f(mm/r)	进给长度(mm)	进给次数	刀具	量具	机动	辅助	
3	粗车内螺纹底径至 Ø28.5 深 23	1.5	560	0.2	25	2	90°内孔车刀	游标卡尺			1. 车内沟槽采用手动进给法 2. 灵活运用小滑板刻度盘保证退刀槽位置和宽度尺寸
4	半精车 Ø24 内孔尺寸至 Ø23.5	1	560	0.2	5	1	90°内孔车刀	游标卡尺			
5	车精退刀槽·槽底直径至 Ø33.5,两侧留 0.5mm 余量		450			1	3mm内沟槽车刀	内沟槽游标卡尺			
6	精车退刀槽位置尺寸 24mm 至图样尺寸		560				3mm内沟槽车刀	深度游标卡尺			
7	精车退刀槽宽 4mm 至图样要求		560				3mm内沟槽车刀	游标卡尺			
8	精车槽底直径 Ø34 至图样要求		560				3mm内沟槽车刀	内沟槽游标卡尺			
9	精车螺纹底径 Ø28.5 至要求							游标卡尺			
10	精车 Ø24 内孔至图样要求							游标卡尺			
11	车 1.5×45°倒角(1处)、锐角倒钝(2处)		560				内孔倒角刀				
12	车 M30×1.5—7H 内螺纹	1.5	450	1.5	26		60°内螺纹车刀	螺纹塞规			
13	检测							游标卡尺,内沟槽卡尺,螺纹塞规			

				编制(日期)	审核(日期)	会签(日期)
标记	处记	更改文件号	签字	日期		

车工工艺与技能训练

第三篇　鉴定篇

普通车工中级工技能鉴定试卷

一、判断题：(每题 1 分，共 25 分)

1. 蜗杆蜗轮常用于传递两轴交错 60°的传动。　　　　　　　　　　(　　)

2. 车削模数小于 5mm 的蜗杆时，可用分层切削法。　　　　　　　(　　)

3. 粗车蜗杆时，为了防止三个切削刃同时参加切削而造成"扎刀"现象，一般可采用左右切削法车削。　　　　　　　　　　　　　　　　　　　(　　)

4. 偏心零件两条母线之间的距离称为"偏心距"。　　　　　　　　　(　　)

5. 在刚开始车削偏心轴偏心外圆时，切削用量不宜过大。　　　　　(　　)

6. 用满量程为 10mm 的百分表，不能在两顶尖间测量偏心距。　　(　　)

7. 车削细长轴时，为了减小刀具对工件的径向作用力，应尽量增大车刀的主偏角。　　　　　　　　　　　　　　　　　　　　　　　　　　(　　)

8. 用四爪单动卡盘装夹找正，不能车削位置精度及尺寸精度要求高的工件。(　　)

9. 主轴的旋转精度、刚度、抗震性等，影响工件的加工精度和表面粗糙度。(　　)

10. 开合螺母分开时，溜板箱及刀架都不会运动。　　　　　　　　(　　)

11. 车削螺纹时用的交换齿轮和车削蜗杆时用的交换齿轮是不相同的。(　　)

12. 车床前后顶尖不等高，会使加工的孔呈椭圆状。　　　　　　　(　　)

13. 对工件进行热处理，使之达到所需要的化学性能的过程称为热处理工艺过程。　　　　　　　　　　　　　　　　　　　　　　　　　　　(　　)

14. 在机械加工中，为了保证加工可靠性，工序余量留得过多比留得太少好。(　　)

二、选择题：(每题 1 分，共 25 分)

1. 蜗杆蜗轮适用于(　　)运动的传递机构中。
A. 减速　　　　　　　B. 增速　　　　　　　C. 等速

2. 精车蜗杆的切削速度应选为(　　)。
A. 15～20m/min　　　B. >5m/min　　　　　C. <5m/min

3. 用百分表线法车削多线螺纹时，其分线齿距一般在(　　)<<之内。
A. 5　　　　　　　　　B. 10　　　　　　　　C. 20

4. 法向直廓蜗杆的齿形在蜗杆的轴平面内为(　　)。
A. 阿基米德螺旋线　　B. 曲线　　　　　　　C. 渐开线

5. 梯形螺纹粗，精车刀(　　)不一样大。
A. 仅刀尖角　　　　　B. 仅纵向前角　　　　C. 刀尖角和纵向前角

6. 标准梯形螺纹的牙形为(　　)。
A. 20°　　　　　　　　B. 30°　　　　　　　　C. 60°

7. 用四爪单动卡盘加工偏心套时，若测的偏心距时，可将(　　)偏心孔轴线的卡爪再紧一些。
A. 远离　　　　　　　B. 靠近　　　　　　　C. 对称于

8. 用丝杠把偏心卡盘上的两测量头调到相接触后,偏心卡盘的偏心距为（　　　）。

A. 最大值　　　　　　　　B. 中间值　　　　　　　　C. 零

9. 车削细长轴时,应选择（　　　）刃倾角。

A. 正的　　　　　　　　　B. 负的　　　　　　　　　C. 0°

10. 车削薄壁工件的外圆精车刀的前角 γ。应（　　　）。

A. 适当增大　　　　　　　B. 适当减小　　　　　　　C. 和一般车刀同样大

11. 在角铁上选择工件装夹方法时,（　　　）考虑件数的多少。

A. 不必　　　　　　　　　B. 应当　　　　　　　　　C. 可以

12. 多片式摩擦离合器的（　　　）摩擦片空套在花键轴上。

A. 外　　　　　　　　　　B. 内　　　　　　　　　　C. 内、外

13. 中滑板丝杠与螺母间的间隙应调到使中滑板手柄正、反转之间的空程量在（　　　）转以内。

A. 1/5　　　　　　　　　B. 1/10　　　　　　　　　C. 1/20

14. 主轴的轴向窜动太大时,工作外圆表面上会有（　　　）波纹。

A. 混乱的振动　　　　　　B. 有规律的　　　　　　　C. 螺旋状

15. 用普通压板压紧工件时,压板的支承面要（　　　）工件被压紧表面。

A. 略高于　　　　　　　　B. 略低于　　　　　　　　C. 等于

16. 工件经一次装夹后,所完成的那一部分工序称为一次（　　　）。

A. 安装　　　　　　　　　B. 加工　　　　　　　　　C. 工序

17. 从（　　　）上可以反映出工件的定位、夹紧及加工表面。

A. 工艺过程卡　　　　　　B. 工艺卡　　　　　　　　C. 工序卡

18. 调质热处理用于各种（　　　）碳钢。

A. 低　　　　　　　　　　B. 中　　　　　　　　　　C. 高

19. 将一个法兰工件装夹在分度头上钻 6 个等分孔,钻好一个孔要分度一次,钻第二个孔,钻削该工件 6 个孔,就有（　　　）。

A. 6 个工位　　　　　　　B. 6 道工序　　　　　　　C. 6 次安装

20. 在操作立式车床时,应（　　　）。

A. 先启动润滑泵　　　　　B. 先启动工作台　　　　　C. 就近启动任一个

21. 车螺纹时,螺距精度达不到要求,与（　　　）无关。

A. 丝杠的轴向窜动　　　　B. 传动链间隙　　　　　　C. 主轴颈的圆度

22. 车床主轴的径向圆跳动和轴向窜动属于（　　　）精度项目。

A. 几何　　　　　　　　　B. 工作　　　　　　　　　C. 运动

23. 开合螺母的作用是接通或断开从（　　　）传来的运动的。

A. 丝杠　　　　　　　　　B. 光杠　　　　　　　　　C. 床鞍

24. 四爪单动卡盘的每个卡爪都可以单独在卡盘范围内作（　　　）移动。

A. 圆周　　　　　　　　　B. 轴向　　　　　　　　　C. 径向

25. 加工直径较小的深孔时,一般采用（　　　）。

A. 枪孔钻　　　　　　　　B. 喷吸钻　　　　　　　　C. 高压内排屑钻

三、计算题：（10分）

1. 已知车床丝杠螺距 12mm，车削螺距为 3mm 的 3 线螺纹，问是否乱牙？

四、问答题：（每题 10 分，共 40 分）

1. 防止和减少薄壁类工件变形的因素有哪些？

2. 车削薄壁工件类工件时，可以采用哪些装夹方法？

3. 偏移尾座法车圆锥面有哪些优缺点？适用在什么场合？

4. 车螺纹时，产生扎刀是什么原因？

答　案

一、判断题：（每题 1 分，共 25 分）

1. ×　2. ×　3. √　4. ×　5. √　6. ×　7. √　8. ×　9. √　10. ×　11. √　12. ×
13. ×　14. ×

二、选择题：（每题 1 分，共 25 分）

1. A　2. C　3. B　4. B　5. C　6. B　7. A　8. C　9. A　10. A　11. B　12. A　13. C
14. A　15. A　16. A　17. C　18. B　19. A　20. A　21. C　22. A　23. A　24. C　25. A

三、计算题：（10分）

解：已知 $P_丝 = 12mm$、$P_Z = 3mm$

$i = P_h / P_丝 = (n_1 P_Z) / P_丝 = n_丝 / n_工$

$i = (3*3)/12 = 1/1.33$

答：丝杠转一转，工件转 1.33r，若用提起开合螺母手柄车削此螺纹时，则会发生乱牙。

四、问答题：（每题 10 分，共 40 分）

1. 防止和减少薄壁类工件变形的因素有哪些？

答：1) 加工分粗、精车，粗车时夹紧些，精车时加松些。

2）合理选择刀具的几何参数，并增加刀柄的刚度。

3）使用开缝套筒和特制软卡爪，提高装夹接触面积。

4）应用轴向夹紧方法和夹具。

5）增加工艺凸边和工艺肋，提高工件的刚性。

6）加注切削液，进行充分冷却。

2. 车削薄壁工件类工件时，可以采用哪些装夹方法？

答：视工件特点可采用的装夹方法有：1）一次装夹工件；2）用扇形卡爪及弹性胀力心轴装夹工件；3）用花盘装夹工件；4）用专用夹具装夹工件；5）增加辅助支撑装夹工件；6）用增设的工艺凸边装夹工件等方法。

3. 偏移尾座法车圆锥面有哪些优缺点？适用在什么场合？

答：偏移尾座法车圆锥面的优点是：可以利用车床自动进给，车出的工件表面粗糙度值较小，并能车较长的圆锥。缺点是：不能车锥度较大的工件，中心孔接触不良，精度难以控制。适用于加工锥度较小，长度较长的工件。

4. 车螺纹时，产生扎刀是什么原因？

答：(1)车刀前角太大，中滑板丝杠间隙较大。

(2)工件刚性差，而切削用量选择太大。

参考文献

[1]袁桂萍.车工工艺与技能训练.北京:中国劳动社会保障出版社,2007

[2]李德富,李贞权.车工工艺与技能训练.北京:机械工业出版社,2011

[3]吴细辉.车工工艺与技能训练.北京:机械工业出版社,2013

[4]人力资源和社会保障部教材办公室编.高级车工工艺与技能训练(第二版).北京:中国劳动社会保障出版社,2012

[5]王公安.车工工艺学(第四版).北京:中国劳动社会保障出版社,2005

[6]温希忠,王永俊,何强.车工工艺与实训.济南:山东科学技术出版社,2011

[7]李德定.车工.北京:人民邮电出版社,2012